BIOLOGISCHE STUDIENBÜCHER

HERAUSGEGEBEN VON WALTHER SCHOENICHEN · BERLIN

IV

KLEINES PRAKTIKUM DER VEGETATIONSKUNDE

VON

DR. FRIEDRICH MARKGRAF

ASSISTENT AM BOTANISCHEN MUSEUM BERLIN-DAHLEM

MIT 31 ABBILDUNGEN

Springer-Verlag Berlin Heidelberg GmbH 1926

ISBN 978-3-662-42886-3   ISBN 978-3-662-43172-6 (eBook)
DOI 10.1007/978-3-662-43172-6

Vorwort.

Für die Vegetationskunde, deren Jugend oft genug hervorgehoben wird, sind neben den Arbeiten, die den Stoff selbst gestalten, auch Erörterungen und Zusammenstellungen ihrer Arbeitsmethoden unumgänglich.

Zur praktischen Einführung gibt es bereits musterhafte Werke, so vor allem von Rübel die „Geobotanischen Untersuchungsmethoden" (Berlin 1922). Etwas mehr eingeschränkten Stoff bieten: Clements, Research methods in ecology (Lincoln 1905); Rübel, Schröter, Brockmann-Jerosch, Programme für geobotanische Arbeiten. Beitr. z. geobot. Landesaufnahme (der Schweiz) 2 (Zürich 1916); Kelhofer, Einige Ratschläge für Anfänger in pflanzengeographischen Arbeiten. Ebenda 3 (Zürich 1917); Kästner, Wie untersuche ich einen Pflanzenverein? Biolog. Arbeit, Heft 7 (Leipzig 1919); Tansley, Practical plant ecology (London 1923). — Es fehlte jedoch bisher an einer Anleitung, die dem für die pflanzlichen Lebensgemeinschaften interessierten Pflanzenkenner an der Hand von Beispielen eine Auswahl der Möglichkeiten vor Augen führt, mit denen er selbst imstande ist, Vegetationstudien vorzunehmen. In diesem Sinne habe ich auf Vorschlag des Herrn Herausgebers die vorliegende Schrift verfaßt.

Eine Ursache dafür, daß die Vegetationskunde in weiteren Kreisen so wenig bekannt ist, liegt sicher darin, daß jeder, der sich mit ihr beschäftigen will, einen Schatz gesicherter Pflanzenkenntnis besitzen muß. Für viele trifft diese Voraussetzung durchaus zu; nur haben sie sich bisher meist allein mit Forschungen über die Flora, die Verbreitungsverhältnisse der Arten, beschäftigt. Sie können aber ihre Kenntnisse ebensogut dem Studium der natürlichen Verbände der Pflanzen, der Vegetation, dienstbar machen und gelangen dort schon auf kleinerem Raum zu Ergebnissen als in der Floristik, wo oft mit sehr großen Arealen gearbeitet werden muß. —

Der Charakter der Vegetationskunde als einer sich entwickelnden Wissenschaft bestimmt auch die Anordnung des Stoffes in dem vorliegenden Büchlein. Es ist nicht eine Einführung in die ökologische und soziologische Seite der Behandlung zugleich an demselben Beispiel gewählt worden, sondern es ist eine Trennung nach sachlichen Abschnitten erfolgt, die jedoch immer aus Beispielen heraus entwickelt werden. Diese Beispiele entstammen alle eigenen Beobachtungen und Erfahrungen und werden zum Teil an dieser Stelle überhaupt zum erstenmal veröffentlicht. Damit soll der rein theoretischen Auseinandersetzung vorgebeugt werden, die sich leicht in unausführbare Vorschläge verlieren könnte. Ein Nachteil ist freilich dabei in Kauf zu nehmen: die Beispiele sind zumeist Waldformationen entnommen worden, denen ich meine Aufmerksamkeit hauptsächlich gewidmet habe.

Jedoch hat auch dies wieder eine gute Seite: es sind bisher überhaupt nur wenige Waldaufnahmen nach der Quadratmethode gemacht worden; die hier mitgeteilten sind alle auf diesem Weg gewonnen worden.

Überhaupt habe ich die Quadratmethode der Schätzung ohne begrenzte Probeflächen oder im ganzen Assoziationsindividuum vorangestellt, weil sie mir bei meinen eigenen Arbeiten im Gelände erzieherischer erschienen ist. Es sind nicht nur Konstanz und Deckungsgrad berücksichtigt worden, sondern auch die Schweizer „Abundanz", die — auch bei Verwendung von Quadraten — eine wichtige Eigenschaft der Assoziationsmitglieder darstellt. Abweichend von den schwedischen Pflanzensoziologen habe ich nicht die Arbeitsweise angewandt, in einem beliebigen homogenen Vegetationsfleck das Quadrat auszulegen, sondern benutzte es zur genaueren Ermittelung der Merkmale in einem rein durch den Augenschein vorher begrenzten, einheitlichen Assoziationsindividuum, wie man etwa optische Hilfsmittel zur genaueren Betrachtung der Merkmale eines Pflanzenindividuums verwendet.

Denn dieses Assoziationsindividuum muß einen soziologischen Wert besitzen, da es selbständig in natürlicher Begrenzung auftritt, in einer Begrenzung, die meist mit erkennbaren Grenzen eines primären Standorts (in ökologischem Sinne) zusammenfällt. Die verschiedene Größe und Gestalt solcher Individuen (z. B. in Assoziationskomplexen, wo sie sich in buntem Muster durchdringen) beweist nichts gegen ihre Naturgegebenheit; denn dasselbe gilt von den Pflanzenindividuen, unter denen z. B. ein Baum, ein einzelner Grashalm und ein „Graskomplex" mit allseits von der Hauptpflanze fortgekrochenen Ausläufern zum Vergleich dienen können. Auch künstliche Verstümmelung schließt die Anwendung des Begriffes „Assoziations-Individuum" nicht aus: eine Straße z. B., die ein Waldindividuum in zwei Teile zerlegt, wirkt nicht anders als etwa ein Graben, der einige Ausläufer des eben genannten Grases vernichtet und dadurch aus einem Horst mehrere werden läßt. Man kann dann die alte Einheit aufrecht erhalten, aber ebensogut die Teile als Individuen behandeln, wenn sie selbständig weiter bestehen. Aber dies ist ja ein Grenzfall, der erst durch menschlichen Eingriff geschaffen wird. Gegenstand unseres Studiums soll die möglichst natürliche Vegetation sein, und dazu will auch dieses Büchlein beitragen. —

Zu Dank verpflichtet bin ich den Herren Dr. Trénel und Dr. Görz; sie haben die bodenkundlichen Abschnitte, in denen die von ihnen erfundenen Apparate erläutert werden, kritisch durchgesehen und die Abbildungen dazu freundlichst zur Verfügung gestellt; auf diese Weise bildet das Azid"itätskapitel (Trénel) zugleich eine sehr erwünschte knappe Einführung in die theoretischen Grundlagen dieser modernen physiologischen Forschungsrichtung.

Berlin-Friedenau, im Juni 1925.

Fr. Markgraf

Inhaltsverzeichnis.

Einleitung.

Manch Wandrer mit offenen Augen hat sich wohl im Frühling an den Waldblumen erfreut, die da blühten, solange noch nicht das grüne Laub der Bäume über ihnen entfaltet war, und die so stet nur im Walde wuchsen, als suchten sie in ihm Schutz gegen den Ansturm der kräftigeren Kräuter draußen; er wird, wenn er im Sommer in der Wiese lag, bemerkt haben, daß auch dort jede Pflanze sich in den Raum so einfügt, wie es für ihr Zusammenleben mit den anderen am günstigsten ist; ihm wird auf herbstlichem Moor die eigenartige Pflanzenwelt aufgefallen sein, die sich so scharf von der der trocknen Umgebung scheidet.

Vielleicht, wenn er wirklich Sinn für die Natur hatte, hat er sich gewünscht, zu erkennen, ob diese Eindrücke nicht etwa aus menschlicher Vorstellung allein entstammten, sondern tatsächlich einem inneren Zusammenhang entsprächen. Aber dann hat ihn der Gedanke gestört, daß die genaue Ergründung des Beobachteten das schöne Ganze in seine Teile zerspalte und gerade die innere Ordnung, die ihm der Erforschung wert schien, verschwinden lasse.

Das ist keineswegs notwendig! Im Gegenteil, erst die Verknüpfung mit einem leitenden Gedanken macht die einzelnen Tatsachen bedeutsam, und wer an die Pflanzen mit einem Blick für ihre Lebensgemeinschaften herantritt, dem kann durch das Aufdecken der Einzelheiten die Freude am Ganzen, die anfangs lediglich ästhetisch war, nur vertieft werden.

Erster Abschnitt.

Die Pflanzengesellschaft.

1. Kennzeichen natürlicher Pflanzengesellschaften.

Wie kann man die Vereinigung von Pflanzen zu Lebensgemeinschaften erkennen und die Bedingungen dafür feststellen? Das sind zwei Fragengruppen, die bei jeder Untersuchung eines Pflanzenvereins in Betracht kommen. Man hat sie als Soziologie und (Syn-)Ökologie unterschieden; jene behandelt die Zusammensetzung des Pflanzenvereins an sich, diese seine Abhängigkeit von den Standortseinflüssen.

Jeder Platz ist an sich gleich geeignet, um derartige Beobachtungen anzustellen; aber wie überall bieten nur die Gegensätze fruchtbare Anhaltspunkte für die Richtung, in der hauptsächlich ein Ergebnis zu suchen ist. So empfiehlt es sich, recht verschiedene Standorte, d. h. Gebiete mit recht verschiedenen Umweltbedingungen, in die Untersuchung einzubeziehen. Entweder kann man eine bestimmte Pflanzengesellschaft an mehreren Stellen ihres Vorkommens aufsuchen und darauf achten, wie sich ihre Zusammensetzung entsprechend den verschiedenen Standortsbedingungen ändert. Man vergleicht z. B. den Buchenwald in Schweden, in Südeuropa, im atlantischen, im kontinentalen Klimagebiet, im Gebirge, im Tiefland usw.[1]. Das wird aber bei dem großen Areal, das die meisten Genossenschaften einnehmen, für den einzelnen kaum durchführbar sein, und die Schilderungen anderer Beobachter, die er zum Vergleich der ihm unzugänglichen Bezirke heranziehen könnte, sind leider nie so gleichmäßig nach denselben Gesichtspunkten durchgeführt, daß er sie ohne weiteres benutzen kann. Deshalb empfiehlt es sich, mehr ein landschaftlich irgendwie geschlossenes Gebiet auszuwählen und Beziehungen zwischen allen dort vorhandenen Pflanzenvereinen und den Unterschieden der Standortsfaktoren zu suchen. Im Gebirge liefert ja ein Talsystem oder ein einzelnes Tal in der Regel schon die fruchtbarsten Tatsachen[2]. Im Tiefland ist eine zweckmäßige Umgrenzung oft weniger leicht zu finden; sie wird ge-

---

[1] Vgl. LÄMMERMAYR: Die Entwicklung der Buchenassoziation seit dem Tertiär. Beih. 24 (1923) zu Feddes Repertorium.

[2] In dieser Art gehen viele Schweizer Vegetationsforscher vor. Man lese z. B. die „Beiträge zur geobotanischen Landesaufnahme“, herausgegeben von der pflanzengeographischen Kommission der Schweizer Naturforschenden Gesellschaft in Zürich.

boten etwa durch ein Hügelsystem, eine einheitliche Niederung, durch ein charakteristisches Stück Flußufer und dergleichen. Unter Umständen spielt dabei sogar die Art der menschlichen Bewirtschaftung eine Rolle und nötigt zu einer künstlichen Abgrenzung.

Überhaupt sind ja in den meisten Ländern sehr viele Pflanzengesellschaften von der menschlichen Kultur beeinflußt. Sie werden nicht immer ganz vernichtet und durch Kunstgebilde ersetzt wie beim Ackerbau, sondern vielfach greift nur ein neuer Faktor, etwa Beweidung, Mahd, Holzschlag, Brand, Wasserentzug oder Bewässerung, in das natürliche Gleichgewicht der anderen Standortsfaktoren ein. Er schafft dadurch vollkommen neue Verhältnisse und wirkt um so nachhaltiger, wenn die herbeigeführte Änderung andauert oder immer wiederholt wird. Dann bilden sich auch die Lebensgemeinschaften um; das braucht äußerlich durchaus nicht auffällig zu sein: ein trocken gelegter Buchenwald behält seine Bäume, eine der Sense neu unterworfene Naturwiese bleibt Wiese. Aber mehr und mehr verschwinden Arten, die vielleicht nicht an Menge, jedoch an Stetigkeit ihres Auftretens einen sehr charakteristischen Bestandteil bildeten; andere, untergeordnete gewinnen, da sie die neuen Bedingungen besser ertragen, die Vorherrschaft. Oft wird es zutreffen, daß diese neuen Bedingungen denen der Nachbargesellschaften ähnlicher sind als die alten; dann können einige Arten ausgetauscht werden, und auf diese Weise verwischen sich sogar die Grenzen. — Die künstliche Veränderung der Pflanzenvereine ist eine Tatsache, die man nicht umgehen kann; denn eine Rückkehr zu natürlichen Verhältnissen im Experiment dauert sehr lange und wird vielleicht nie wirklich erreicht. Es bleibt nur die Möglichkeit, jedesmal darauf zu achten, dabei den wichtigsten „menschlichen" Faktor zu ermitteln und seine Wirkungen festzustellen, damit man von ihnen absehen kann. Sichere Ergebnisse über allgemeine Fragen erhält man aber nur, wenn man in der Lage ist, auf natürliche Gesellschaften zurückzugreifen.

Was hat man nun aber als Pflanzengesellschaft anzusehen? Jeder hat eine ungefähre Vorstellung davon, und von dieser wollen wir ausgehen, ohne alle Stadien zu durchlaufen, die diese grundlegenden Definitionen in der wissenschaftlichen Erörterung durchgemacht haben. Treten wir eine Wanderung ins Freie an! Es wird uns in unserem intensiv bewirtschafteten Lande nicht leicht gemacht, wirkliche Natur zu sehen. Wir treffen da zuerst allerlei „Unkräuter" auf einem kahlen Erdhaufen, ganz charakteristische Gestalten, die in der Umgebung fehlen. Wollen wir das schon als Gesellschaft bezeichnen? Ich schlage vor, nein. Denn der nächste Erdhaufen, der denselben Boden und dieselbe Form hat wie der erste, zeigt einige ganz andere Gewächse und diejenigen, die beiden gemeinsam sind, in ganz anderer Verteilung. Während etwa *Corispermum Marschallii* mit mächtigen Büschen den einen ganz bedeckt und nur wenige Exemplare von *Atriplex patulum* und dem Zwerg *Scleranthus annuus* dazwischen eine Zuflucht finden, ist der andere überzogen von *Chenopodium album*, mit wenig *Atriplex patulum* und etwas *Urtica minor* dazwischen; nur ein Einzelbusch von *Corispermum Marschallii* tritt auf, und blühende *Ballota nigra* verändert das ganze Bild. Das beweist uns, daß wir kein Gleichgewicht der Mitglieder vor Augen haben, sondern nach irgendwelchem Zufall hier dies, dort jenes die Oberhand gewinnt. Von einer Pflanzengesellschaft zu sprechen hat aber nur dann Sinn, wenn bestimmte Gesetzmäßigkeiten in ihrem Aufbau jedesmal erkennbar sind; denn nur von diesen her können wir auf standörtliche Wirkungen schließen.

Dann wären also die Äcker eine Pflanzengesellschaft? Denn wir sehen doch beiderseits unseres Weges Felder von offenbar gleicher Zusammensetzung; in jedem herrscht der Roggen gewaltig vor, und überall begleiten ihn ungefähr dieselben Unkräuter: *Centaurea cyanus, Agrostemma githago, Papaver dubium, Fumaria officinalis* usw. Aber sehen wir einmal genauer hin! Wenn wir auf die Mengenverteilung der einzelnen Arten achten, so stellt sich heraus, daß kein Feld dem andern gleicht. Der eine Bauer hat reines Saatgut gehabt, der andere hat weniger gesiebt; hier fehlt sogar die Kornrade völlig, die unmittelbar nebenan in Menge auftritt. Und so werden wir wohl genau dieselbe Vereinigung von Pflanzen, die wir einmal auf einem Ackerstück bemerkt haben, nie wieder finden. Hier ist eben ein Standortsfaktor am Werke, der sich von allen „natürlichen" unterscheidet, und zwar durch Zielstrebigkeit. Dieser Kulturfaktor macht es uns unmöglich, Vergleiche anzustellen, aus denen wir übereinstimmende Regelmäßigkeiten für das Zusammenleben der Pflanzen ableiten könnten. Die völlige Vernichtung der natürlichen Vegetation hat erst den Platz geschaffen zur künstlichen Ansiedlung einiger weniger Arten, die nur durch immer neue Eingriffe in ihrem Bestand erhalten werden können; denn sie sind bedroht durch Einwanderer aus der Umgebung, und das zeigt wieder, daß wir hier nur einen labilen Zustand vor uns haben. Eine solche Vereinigung aber, die fortwährend Änderungen unterworfen sein kann, ist keine gesetzmäßige Einheit, keine Pflanzengesellschaft. Wir sehen eine solche also erst in der gesetzmäßig wiederkehrenden Vereinigung bestimmter Arten. Die bietet uns nur eine von der Kultur unberührte Vegetation oder doch eine, die so schwach kultiviert ist, daß ihr innerer Zusammenhalt nicht erkennbar gestört ist. Ein Moor, ein Wald, eine Düne, ein Sumpf sind geläufige Beispiele dieser Art, auch für den unbefangenen Beobachter.

Jedoch ist die Frage, wie man hierbei zu einem Vergleichsmaßstab kommt. Denn es gibt sehr verschiedene Wälder, Moore usw. Man kann etwa daran denken so vorzugehen, wie es sonst beim Suchen nach einer Übersicht geschieht. Es gibt z. B. viele verschiedene Veilchen, aber unter allen Individuen, die wir sammeln, sind stets mehrere einander in wesentlichen Merkmalen gleich. Von denen sagen wir: sie gehören zu derselben Art. Entsprechend ist es in der Vegetation. Wir finden beispielsweise einen bestimmten Laubwald an verschiedenen Stellen, der uns immer wieder durch ein reiches Gemisch von Leberblümchen und Anemonen auffällt. Nur in bedeutungslosen Einzelheiten weichen die einzelnen Vorkommnisse voneinander ab; z. B. hat das eine ein paar Stauden von *Lapsana communis* aufzuweisen, die in allen anderen fehlen, dafür besitzt es selbst nicht *Calamintha clinopodium*, eine Art, die in mehreren der anderen wächst, usw. Von diesen kleinen Unterschieden sehen wir ab und fassen alle Einzelvorkommen eines solchen Laubwaldes mit viel *Anemone hepatica* und *nemorosa* zu einer Einheit zusammen — entsprechend der Art bei den Veilchen —; diese Einheit heißt „Assoziation“. Sie ist ein abstrakter Begriff; die Form, unter der sie uns sinnlich wahrnehmbar wird, sind die einzelnen, begrenzten Stellen im Gelände, wo wir eine zu dem Typus passende Vereinigung von Pflanzen beobachten; diese wollen wir — wiederum entsprechend dem Veilchenbeispiel — als Individuen, Assoziationsindividuen, bezeichnen. Das sind nun unsere Arbeitsmittel, mit deren Hilfe wir die Vegetation beschreiben und Vergleiche in ihr anstellen können.

2. Praktische Bestandesaufnahme.

So einfach dieser Gedankengang ist, so schwer läßt er sich oft in die Tat umsetzen. Denn wenn man ein Assoziationsindividuum beschreiben will, so muß man es erst einmal selbst richtig erkennen, damit man nicht etwa Individuen zweier Assoziationen zusammen aufnimmt und zu falschen Schlüssen gelangt. Die richtige Begrenzung ist im Anfang die größte Schwierigkeit, und sie gelingt erst dann leicht, wenn man sich einen gewissen Blick dafür angeeignet hat.

Begeben wir uns einmal auf ein *Sphagnum*-Moor; dort sind die Assoziationen recht klein und recht bunt durcheinander gewürfelt, zugleich auch infolge der „Vernachlässigung“ durch die menschliche Kultur recht scharf begrenzt. Wir finden solche Moore im Norddeutschen Tiefland östlich der Elbe vielfach an kleinen Restseen des Diluviums, die ein nährstoffarmes Wasser besitzen, als Verlandungsvegetation. Da gehen wir nun gleich bis nahe an das offene Wasser heran, wo es gerade anfängt, so naß zu werden, daß man gar kein trocknes Bult mehr vor sich hat. Hier bemerken wir bei genauerem Zusehen, daß nicht ein gleichmäßiger *Sphagnum*-Teppich die Pflanzendecke bildet, wie es zuerst schien; sondern aus den nassen Teilen heben sich immer wieder dünne Halme: *Scheuchzeria palustris* mit ihren gelbgrünen Blüten und die zierlich pendelnde *Cavex limosa*, und diese beiden auffälligsten Vertreter einer Assoziation gewahren wir jetzt, nachdem sich unser Auge auf sie eingestellt hat, überall an entsprechend nassen Stellen. Wie anders sehen dagegen mit einem Mal die Bulten (oder bultähnlichen Flecke) aus, die doch auch nur Stücke des gleichmäßigen Torfmoors zu sein schienen! Sie sind übersponnen von dem zarten Gerank der Moosbeere *(Vaccinium oxycoccos)* mit ihren derben Blättchen und feinen lila Blüten; auch ihr Moosanteil ist ganz anders als der der Umgebung: in dunklem, freudigem Grün leuchten die Sternchen von *Polytrichum strictum* aus dem bleichen Torfmoos hervor. Wir haben also zwei Assoziationen vor uns, die mit scharfer Grenze aneinander stoßen.

So leicht ist die Entscheidung aber durchaus nicht immer. Wollen wir z. B. unsere eben gewonnene Erfahrung an einem Buchenwald prüfen, der sich von einem Hügel gegen einen gemischten Laubwald im feuchteren Tal hinunterzieht, so suchen wir vergeblich nach einer guten Grenze. Wohl scheiden sich mit einer strengen Linie die Buchen von dem Gemenge aus Birken, Linden und anderen Laubbäumen, aber der Unterwuchs geht ganz allmählich in den der Nachbarassoziation über: waren am Hang nur ganz spärlich verteilte Kräuter zu sehen wie *Milium effusum, Lactuca muralis, Luzula pilosa, Maianthemum bifolium, Hieracium murorum, Asperula odorata, Moehringia trinervia* u. a., so mischen sich im Tal allmählich immer mehr Arten dazwischen,

Abb. 1. *Carex vesicaria-Sphagnum recurvum*-Assoziation, in die eine scharfbegrenzte *Polytrichum strictum*-Assoziation hereinragt. (Moosfenn, Forst Potsdam. Aufn. K. HUECK.)

die oben fehlen, wie *Brachypodium silvaticum, Stellaria holostea, Lathyrus vernus, Viola silvatica, Pulmonaria offinalis, Festuca gigantea, Epipactis latifolia* und schließlich sogar ein Strauch, *Rubus idaeus.* Alle diese Vertreter spielen aber in dem Birken-Linden-Mengwald eine Rolle, zum Teil sogar eine wichtige. Also gehen im Unterwuchs die beiden Assoziationen ganz allmählich ineinander über. Daran ist aber offenbar die Kultur schuld. Die Buchenassoziation, die an sich bei dem Beginn der feuchten Talsohle aufhören würde, ist künstlich noch ein Stück in den Mengwald vorgetrieben worden, und auf dem günstigen, genügend feuchten Boden hat sich eine ganze Anzahl von dessen Begleitern auch unter dem dichteren Schatten des Buchenlaubes noch erhalten. Sie klingen gegen den Hügel hin langsam aus, entsprechend dem trockner werdenden Gelände. — (Bredower Forst bei Berlin.)

Jetzt aber wollen wir daran gehen, solch ein Assoziationsindividuum „aufzunehmen“, seine Zusammensetzung auszudrücken. Wir gehen im Frühling in ein *Sphagnum*-Moor und sehen uns zuerst einmal die *Polytrichum strictum*-Assoziation an. Vorbedingung bleibt immer, daß wir die Grenzen der Individuen erkennen; denn sonst erhalten wir eine Gemischaufnahme, aus der wir zu Hause nichts mehr entnehmen können. Wir schreiten also erst einmal einen Teil des Moores ab und suchen uns ein recht großes Assoziationsindividuum aus. Das schreiten wir ab, damit wir ungefähr wissen, wie weit es reicht, und halten uns dann zunächst von seinem Rande fern. Im Innern wächst überall *Polytrichum strictum*, aber auch *Vaccinium oxycoccos* ist reichlich vorhanden. Weiter ab von unserem Standplatz kommt ein Fleck mit viel *Sphagnum acutifolium*, in dem *Drosera rotundifolia* Unterschlupf gefunden hat; — wie sollen wir das alles kurz ausdrücken? Ist doch nicht allein die Menge der einzelnen Arten verschieden, sondern die eine wächst hier in Haufen, dort wieder gar nicht, die andere überall einzeln eingestreut. Da greifen wir zu einem technischen Hilfsmittel, um erst

Abb. 2. Quadratrahmen, halb zusammengelegt. Zwei Ecken werden durch Herausziehen eines Steckbolzens geöffnet, in den zwei anderen ermöglicht ein Scharnier das Zusammenlegen der Seiten. Von diesen wird jede durch ein Knickscharnier in der Mitte noch halbiert. Das Paket wird also nur $1/2$ m lang.

einmal eine begrenzte Fläche zu haben, die wir gut charakterisieren können, dem Quadrat. Ein Holzrahmen, vielleicht 1 qm groß, läßt sich leicht in einer praktisch zerlegbaren Form herstellen, oder noch einfacher ein Quadrat aus Bindfaden mit vier Holzstöckchen als Ecken.[1] Das breiten wir an irgendeiner Stelle in unserem Assoziationsindividuum hin und schreiben uns auf, was wir alles darin wahrnehmen. Zu jeder Pflanzenart wird die Menge des Auftretens hinzugefügt. Dazu benutzt

---

[1] Dieses hat sachlich den Vorteil, daß es bei Bedarf — in kleinen, unregelmäßig geformten Vegetationsflecken — schief ausgebreitet werden kann. Notwendig ist nur eine festbegrenzte Probefläche, die für Vergleiche dieselbe Größe haben muß.

Abb. 3. Bestand von *Ledum palustre*. Deckungsgrad 5.
(Bierpfuhl, Forst Chorin. Aufn. K. HUECK.)

Abb. 4. *Adonis vernalis* im Deckungsgrad 3.
(Pontische Hügel bei Dolgelin, Kr. Lebus. Aufn. K. HUECK.)

man die Zahlen 1 bis 5 (oder 1 bis 10), die in Worten etwa folgendermaßen ausgedrückt werden können: 1 vereinzelt, 2 spärlich, 3 zerstreut, 4 reichlich, 5 deckend. Für ganz geringe Grade, etwa ein kleines Einzelstück einer Art, kann man schließlich durch ein Zeichen ($+$) das an Masse Unbedeutende des Auftretens angeben. Diese Ausdrücke besagen natürlich nicht viel, aber mit der Zeit entwickelt man ein Gefühl, das die Zahlen mit einer bestimmten, immer gleichen Bedeutung versieht. Aus der Bezeichnung für 5 geht am deutlichsten hervor, daß die Skala für den Deckungsgrad gilt. Man kann also leicht zu gleichmäßigen Zahlen gelangen, wenn man ohne Rücksicht auf die Pflanzenindividuen abschätzt, welchen Bruchteil der Quadratfläche die einzelne Art im ganzen bedeckt. ($1: < {}^1/_{16}$, $2: {}^1/_{16} - {}^1/_8$, $3: {}^1/_8 - {}^1/_4$, $4: {}^1/_4 - {}^1/_2$, $5: > {}^1/_2$.) Das Ergebnis tragen wir uns in ein Buch mit quadratischen Feldern ein:

Quadratnummern	1	2	3	4	5	6	7	8	9	10	11	12	13	14	15	16	17	18	19	20
Polytrichum strictum	5																			
Kiefernkeimlinge	1																			
Eriophorum vaginatum	1																			
E. polystachyum	1																			
Vaccinium oxycoccos	4																			
Carex canescens	1																			
C. stellulata	+																			
Drosera rotundifolia	1																			
Sphagnum cymbifolium	2																			
Sphagnum acutifolium	1																			
Gras, steril	1																			

Dann nehmen wir eine zweite Probefläche vor. Wenn, wie im vorliegenden Fall, das Assoziationsindividuum klein ist, verteilen wir die Quadrate regelmäßig über die ganze Fläche oder wenigstens in schachbrettartiger Anordnung.

Auch das Ergebnis des zweiten Quadrats fügen wir unserer Liste hinzu; so fahren wir fort, bis das ganze Assoziationsindividuum aufgenommen worden ist. Wir besitzen jetzt eine größere Zahl von Quadrataufnahmen, die hinreicht, um Zufälligkeiten der Pflanzenverteilung auszuschließen.

Aber da ist ein anderer bedenklicher Punkt zum Vorschein gekommen: wir haben mehrfach ein Gras beobachtet, das noch nicht blühte! Was fangen wir damit an? Diese Pflanze ist uns ein Fingerzeig, daß wir den Wechsel des Pflanzenkleides im Lauf des Jahres beachten müssen, eine Erscheinung, die in anderen Assoziationen, namentlich Wäldern, noch viel ausgeprägter ist. Es bleibt nichts weiter übrig, als Beispiele unserer Assoziation im Sommer und Herbst wiederholt aufzunehmen, am besten natürlich dasselbe Individuum. Wir können es ja zum Wiederfinden durch Marken an den benachbarten Bäumen oder durch Stäbe, die wir in den Boden stecken, bezeichnen. Dabei ist freilich bei dem Stande unserer Kultur auf geringes Hervorstechen dieser Zeichen zu achten; denn namentlich der der Natur entwöhnte Stadtmensch pflegt, wenn er einmal hinauskommt, alles Auffällige mit einer sonst bei primitiven Völkern üblichen Gründlichkeit zu untersuchen und zu verderben. —

Für dies Mal lassen wir also das „unbekannte Gras" in der Liste stehen[1]) und erhalten folgende Übersicht:

Pechsee im Grunewald bei Berlin, 25. Juni 1925. Nordwestufer, hoher Wasserstand: nach längerer Regenzeit (14 Tage) auch die „Bulte" naß; der Aufnahmefleck durch äußerste Kiefernäste beschattet. Bewölkt.

	1	2	3	4	5	6	7	8	9	10
Polytrichum strictum	5	5	5	5	5	5	5	5	5	5
Pinus silvestris, Keimlinge	1	—	+	—	—	—	—	—	—	—
Eriophorum vaginatum	1	1	3	3	1	—	—	—	—	2
E. polystachyum	1	2	—	—	—	—	—	—	—	—
Vaccinium oxycoccos	4	4	4	4	4	4	4	4	4	4
Carex canescens	1	+	1	—	2	+	+	—	—	+
C. stellulata	+	1	+	—	—	—	—	—	—	+
Drosera rotundifolia	1	+	1	+	1	1	3	2	2	1
Sphagnum cymbifolium	2	+	1	1	—	1	1	2	1	—
Sph. acutifolium	1	1	3	1	—	1	1	2	1	—
Gras, steril	1	2	1	—	+	2	2	2	2	—

Wir vergessen darin nicht die Begleitumstände, die irgendwie von Bedeutung werden könnten: Datum, Wetter, genauen Platz, Lage zur Sonne und zum Wind, Wasserverhältnisse und örtliche Besonderheiten des Geländes.

Dann legen wir Proben von allen nicht sicher bestimmbaren Pflanzen in der üblichen Weise in eine Presse ein und vergessen vor dem Weiterschreiten zum nächsten Individuum unserer Assoziation nicht uns umzusehen, ob auch nichts liegen geblieben ist. Den Bleistift tragen wir zweckmäßig von vornherein um den Hals gehängt, und zwar nicht einen Tintenstift, weil sonst bei Regenwetter die Schrift verwischt wird.

Beim Weiterwandern bedrückt uns vielleicht noch der Gedanke an die unbekannt gebliebenen Gewächse. Wenn uns auch die Aussicht tröstet, die jetzt nicht erkennbaren im Sommer in besserem Zustande wiederzufinden, so drängt sich uns doch die Frage auf: „Werden wir die jetzt blühenden Arten denn später richtig zu bezeichnen wissen?" Hierfür hilft nichts anderes als fleißiges Beobachten der Entwicklung. Man ist dann bald erstaunt, wie charakteristische

---

[1]) Es stellt sich später heraus als *Molinia coerulea*.

Merkmale viele blüten-, frucht- und womöglich blattlose Pflanzen besitzen, die man in diesem Zustand noch gar nicht gekannt hat. Unsere Bestimmungsbücher können, da sie sehr viele Arten berücksichtigen müssen, meistens nur nach den verwandtschaftlich wichtigen, gewöhnlich in Blütenteilen liegenden Merkmalen unterscheiden; zwischen
den weniger zahlreichen Arten eines kleineren Gebietes gibt es aber
oft viel auffälligere Verschiedenheiten, die man nur durch eigene An-
schauung allmählich feststellt. Zur Unterstützung des Gedächtnisses
kann man sich ein Taschenherbarium anlegen, das die entscheidenden
Teile solcher Pflanzen, bei denen Zweifel möglich sind, enthält; namentlich für manche Kryptogamen (Flechten, Moose und dgl.) ist dieses
Hilfsmittel empfehlenswert.[1] —

Durch die eben geschilderte Art der Aufnahme besitzen wir einen
gewissen zahlenmäßigen Ausdruck für eine der wichtigsten Eigenschaften
im innern Aufbau der Assoziationen. Aber das genügt noch nicht
ganz. Wir haben ja nur den Deckungsgrad der einzelnen Arten,
genauer betrachtet nur ihrer oberirdischen Teile, schematisch abge-
schätzt. Indes kann es für ihre Entfaltung, Wurzelausbreitung, Blüh-
und Reifefähigkeit usw. durchaus nicht gleichgültig sein, ob viele oder
wenige Individuen denselben Raum mit ihren Vegetationsorganen
bedecken. Von Wert ist diese Feststellung namentlich dann, wenn
es sich darum handelt, dieselbe Assoziation in ihrer Ausbildung auf
zwei verschiedenen Standorten zu vergleichen. Wir müssen dann eben
die Individuen zählen oder ihre Menge schätzen. Um das Zählen zu
erleichtern, können wir die Kanten unseres Rahmens einteilen, von
ihnen aus Bindfäden kreuz und quer über die Probefläche spannen
und diese dadurch in kleinere Quadrate zerlegen. Beim Schätzen können
wir wieder fünf Stufen verwenden: 5 sehr zahlreich, 4 zahlreich, 3 wenig
zahlreich, 2 spärlich, 1 sehr spärlich[2].

Unsere Tabelle hätte in solchen Fällen dann hinter jedem Art-
namen zwei Zahlenreihen aufzunehmen, die von dem nächsten Reihen-
paar deutlich getrennt werden müßten. Die vereinigte Kenntnis von
Deckungsgrad und Individuenzahl gibt uns einen noch besseren Ein-
blick in die Zusammensetzung der Assoziation. Aber sie ist sehr schwer
zu gewinnen, weil das Zählen von Individuen auf vielen Quadratmetern
doch große Arbeit macht, und weil außerdem bei vielen Pflanzen,
z. B. bei Ausläufer bildenden, bei Moospolstern usw. eine eindeutige
Unterscheidung von Individuen gar nicht möglich ist. Deshalb wird man
dieses Hilfsmittel nur bei besonderen Fragestellungen anwenden, nach-

---

[1] Es gibt auch einige derartige Bestimmungsschlüssel, z. B. C. A. WEBER:
Schlüssel zum Bestimmen der landwirtschaftlich wichtigsten Gräser Deutsch-
lands im blütenlosen Zustande. Berlin 1924. — STRECKER: Erkennen und
Bestimmen der Wiesengräser. 7. Aufl. Berlin 1918. — Teilweise enthalten auch
Floren eine Zusammenstellung der selten blühenden Pflanzen nach äußerlichen
Merkmalen; z. B. WÜNSCHE-ABROMEIT: Die Pflanzen Deutschlands, 11. Aufl.
S. 730. 1924.

[2] Vgl. BRAUN-BLANQUET in Jahrb. St. Gall. Naturw. Ges. **57**, 332. 1921.
Dort wird die „Menge" Abundanz genannt.

dem man sich überlegt hat, ob das Ergebnis der Mühe entsprechen wird. In den meisten Fällen kann man die Verteilung der Individuen durch einen zusammenfassenden Ausdruck, wie „einzeln", „gruppenweise", „in großen Verbänden"[1] usw. ausreichend genau wiedergeben und gelangt damit zu einer recht anschaulichen Darstellung. Die Tabelle kann diese Angaben als Anmerkungen zu den einzelnen Arten, unter Umständen nur zu einigen der Arten, noch bequem aufnehmen. —

Zu Hause nehmen wir uns die Aufnahmen aus einem Assoziationsindividuum wieder vor und versuchen aus ihnen eine leichter übersichtliche Gesetzmäßigkeit herauszulesen. Wir schreiben uns auf, in wieviel Prozent aller Probequadrate die einzelnen Arten vorkommen. Dabei fallen uns einige Arten auf, die fast 100 vH. erreichen. Das sind die Arten, die eben in dem Assoziationsindividuum immer wieder zu sehen sind, die „Konstanten" der schwedischen Autoren[2]. Die meisten von ihnen zeichnen sich auch dadurch aus, daß sie in allen Quadraten nahezu denselben Deckungsgrad behalten. Er ist nicht bei allen hoch; sie fallen also nicht alle äußerlich sofort durch ihr Massenvorkommen ins Auge; aber auch solche Arten sind unter ihnen, z. B. *Polytrichum strictum*. Wir bilden auch für die Konstanz 5 Stufen: $0-20$ vH. $= 1$, $20-40$ vH. $= 2$, $40-60$ vH. $= 3$, $60-80$ vH. $= 4$, $80-100$ vH. $= 5$[3]. Hiernach ausgewertet und geordnet lautet unsere Tabelle für das ganze Individuum:

	Deckungsgrad	Konstanz
Polytrichum strictum	5	5
Vaccinium oxycoccos	4	5
Drosera rotundifolia	1	5
Sphagnum acutifolium	2	5
Carex canescens	+	4
Gras, steril	1	4
Sphagnum cymbifolium	1	4
Eriophorum vaginatum	1	3
Carex stellulata	+	2
Eriophorum polystachyum . . .	1	1
Pinus silvestris, Keimlinge . .	+	1

Dasselbe Verfahren wenden wir nun bei den anderen Tabellen an, deren jede ja ein Individuum derselben Assoziation vertritt. Bei allen

---

[1] „Geselligkeit" nach Braun-Blanquet, siehe z. B. Jahrb. d. St. Gall. Naturw. Ges. **57**, 334. 1921.

[2] Du Rietz, Th. Fries, Osvald u. Tengwall: Gesetze der Konstitution natürlicher Pflanzengesellschaften. Medd. fr. Abisko Naturv. Stat. 35. 1920. — Du Rietz: Zur methodologischen Grundlage der modernen Pflanzensoziologie. (Upsala 1921.)

[3] Vgl. Rübel: Geobotanische Untersuchungsmethoden (Berlin 1922), 229 und in Beibl. zu Veröff. d. Geobotan. Inst. Rübel in Zürich **2**, 11. 1925.

erhalten wir ganz ähnliche Bilder — nebenbei ein Zeichen, daß unser Material einheitlich ausgewählt war, d. h. daß wir mit den Quadraten wirklich immer in einer Assoziation geblieben sind. Immer wieder zeigen sich also einige Konstanten und eine Reihe weniger stetig auftretender Arten, von diesen die meisten in den niedersten Konstanzgraden. Beide sind zum größten Teil in allen Aufnahmen dieselben; nur unter den nicht konstanten Arten hat das eine Assoziationsindividuum diese oder jene vor dem anderen voraus. Diese Bestimmungen der Konstanz in Verbindung mit der Mengenverteilung der Arten liefern uns eine vergleichbare Beschreibung der Assoziationen.

Aber das einzelne Quadrat, das bei dieser Arbeit benutzt wird, bildet doch einen ganz willkürlichen Ausschnitt aus der Vegetation! Kann sich denn da überhaupt ein von Willkür freies Abbild der Assoziation ergeben? — Das ist der Fall, wenn nur die Fläche des Quadrats groß genug gewählt wird. Sie muß so groß sein, daß alle Konstanten, d. h. also nach den schwedischen Autoren alle Arten, die in mindestens 90 vH. der Probeflächen vorkommen, schon auf einer davon vertreten sind. Dieses „Minimiareal"[1]) hängt natürlich ab von der durchschnittlichen Größe oder Wuchsform (Baum, Gras, Polsterstaude usw.) der Konstanten. Es ist daher für Assoziationen aus denselben Wuchsformen gleich, so daß man später leicht die richtige Größe veranschlagen kann, wenn man sie einmal in einer ähnlichen Pflanzengesellschaft geprüft hat. Gewöhnlich wird man bei Anwendung zu kleiner Quadrate bald merken, daß dieselben Arten zu selten wiederkehren oder daß nur eine oder zwei Konstanten auftreten, obgleich es nach dem Augenschein mehr sein müßten.

Um sicher zu gehen, nehmen wir das nächste Mal eine Bestimmung des Minimiareals an unserer *Polytrichum strictum*-Assoziation vor. Wir suchen uns mehrere Stellen aus — sagen wir 10 — und stecken darauf Quadrate von 2 m Seitenlänge ab, die wir in 1 qm- und ¼ qm-Flächen einteilen. Natürlich müssen sie streng einheitlich nur dieser einen Assoziation angehören, und das ist hier nicht immer leicht, weil oft ein ganzes Individuum davon nicht einmal 4 qm bedeckt. Aber es gibt auch wesentlich größere Flecke, die dann nicht mehr als Blüte bezeichnet werden können und die für unsere Untersuchung geeignet sind.

Von solchen machen wir Aufnahmen in derselben Weise wie vorher. Dabei ordnen wir die Listen der kleineren Probeflächen in der Tabelle gleich so an, daß wir sie zu den nächst größeren zusammenfügen können:

---

¹) Siehe S. 12 Anm. 2; ferner PALMGREN: Studier öfver Löfängsområdena på Åland III. Acta Soc. pro Fauna et Flora Fenn. **42**, 618. 1917. — In deutscher Sprache: Über Artenzahl und Areal sowie über die Konstitution der Vegetation. Acta forest. Fenn. **22**, Nr. 1, 121. 1922. — In diesen beiden Arbeiten finden sich schon die Grundbegriffe der „Konstanzlehre" für die Formation, die von den schwedischen Autoren für Assoziationen ausgebaut wurden.

Quadrate zu ¼ qm	1	2	3	4	5	6	7	8	9	10	11	12	13	14	15	16	17	18	19	20
Polytrichum strictum	5	5	5	5	5	5	5	5	5	4	5	4	5	5	5	5	5	5	5	5
Vaccinium oxycoccos	4	4	4	3	4	4	4	4	4	4	4	4	4	4	4	4	4	4	4	4
Drosera rotundifolia	+	1	+	1	1	+	+	+	1	1	1	2	1	+	1	1	+	+	1	1
Sphagnum acutifolium	1	—	1	1	1	+	2	—	3	1	2	2	1	1	1	1	2	2	3	2
S. cymbifolium	—	2	1	3	—	1	1	—	1	1	2	1	—	+	—	+	—	—	—	—
Eriophorum vaginatum	1	—	+	—	—	—	—	1	3	2	—	3	3	1	2	1	1	1	—	—
Molinia coerulea	1	—	1	+	1	2	1	1	—	—	—	2	+	—	—	—	—	—	—	—
Carex canescens	+	1	1	—	1	—	—	—	—	—	1	—	—	—	—	—	—	—	2	2
C. stellulata	—	+	—	—	—	—	1	—	—	—	+	—	—	—	—	—	—	—	—	—
Eriophorum polystachyum	—	1	—	—	2	—	2	—	—	—	—	—	—	—	—	—	—	—	—	—
Pinus silvestris, Keimlinge	—	+	—	1	—	—	—	—	—	+	—	—	—	—	—	—	—	—	—	—

Wir wollen uns mit dieser Anzahl von ¼ qm-Flächen begnügen und jetzt die von 1 qm Größe zusammenstellen. (Deren 10 erste gehen aus je vier Quadraten der obigen Tabelle hervor.)

Quadrate zu 1 qm	1	2	3	4	5	6	7	8	9	10	11	12	13	14	15	16	17	18	19	20
Polytrichum strictum	5	5	5	5	5	5	5	4	5	5	5	5	5	5	5	5	5	5	5	5
Vaccinium oxycoccos	4	4	4	4	4	4	4	4	4	4	2	2	2	4	4	4	4	4	4	4
Drosera rotundifolia	1	+	1	+	1	1	1	3	2	1	2	1	1	1	1	1	1	1	+	1
Sphagnum acutifolium	1	1	3	1	3	3	3	4	2	2	3	1	2	3	2	2	2	2	1	2
S. cymbifolium	2	+	1	1	—	1	—	1	1	—	1	3	1	1	1	1	1	+	+	1
Eriophorum vaginatum	1	1	3	3	1	—	1	1	—	2	2	2	2	2	2	2	2	1	1	1
Molinia coerulea	1	2	1	—	+	2	3	3	2	—	+	—	—	1	—	—	—	—	—	—
Carex canescens	1	1	1	—	2	+	—	1	—	+	—	—	—	—	—	—	—	—	—	—
C. stellulata	+	1	+	—	—	—	—	—	—	+	—	—	—	—	—	—	—	—	—	—
Eriophorum polystachyum	1	2	—	—	—	—	—	+	—	—	—	—	—	—	—	1	1	—	—	—
Pinus silvestris, Keimlinge	1	—	+	—	—	—	—	—	—	—	1	—	—	—	1	—	—	—	—	1
Menyanthes trifoliata	—	—	—	—	—	—	—	—	—	—	—	—	—	—	+	—	—	—	—	—
Ledum palustre (Zwerg)	—	—	—	—	—	—	—	—	—	—	—	—	—	—	—	—	—	—	—	—
Polytrichum commune	—	—	—	—	—	—	—	—	—	—	—	—	—	—	—	—	—	—	—	—
Juncus effusus	—	—	—	—	—	—	—	—	—	—	—	—	—	—	—	—	—	—	—	—
Viola palustris	—	—	—	—	—	—	—	—	—	—	—	—	—	—	—	—	—	—	—	—

Die Aufnahmen der 4 qm-Flächen, die die von 1 qm enthalten, lauten:

Quadrate zu 4 qm	1	2	3	4	5	6	7	8	9	10	Auswertung: Deckungsgrad	Konstanz
Polytrichum strictum	5	5	5	5	5	5	5	5	5	5	5	5
Vaccinium oxycoccos	4	4	4	4	4	4	4	4	4	3	4	5
Drosera rotundifolia	1	1	1	1	1	1	1	1	1	1	1	5
Sphagnum acutifolium	2	2	2	2	2	1	2	2	2	2	2	5
S. cymbifolium	1	1	1	1	1	1	1	1	1	1	1	5
Eriophorum vaginatum	2	1	2	2	1	2	2	2	1	2	2	5
Molinia coerulea	1	2	1	—	—	1	—	1	1	1	1	4
Carex canescens	1	1	+	—	—	—	—	—	1	1	1	3
C. stellulata	1	—	+	—	—	—	—	—	—	1	1	2
Eriophorum polystachyum	1	+	—	1	1	1	1	—	2	—	1	4
Pinus silvestris, Keimlinge	+	—	+	1	1	1	—	1	—	+	1	4
Menyanthes trifoliata	—	—	—	+	—	—	—	—	—	—	+	+
Polytrichum commune	—	—	—	—	—	—	—	1	—	—	1	+
Ledum palustre	—	—	—	—	—	—	—	+	—	—	+	+
Juncus effusus	—	—	—	—	—	—	—	—	1	+	1	1

21	22	23	24	25	26	27	28	29	30	31	32	33	34	35	36	37	38	39	40	Auswertung: Deckungsgrad	Konstanz
5	5	5	5	5	5	5	5	5	4	2	4	5	5	5	5	5	5	5	4	5	5
4	4	4	4	4	4	4	4	4	4	4	4	4	4	4	4	4	4	4	4	4	5
1	1	3	3	1	+	1	1	1	2	3	3	2	1	2	1	1	1	+	+	1	5
3	2	3	3	3	2	1	3	2	3	4	4	3	2	3	2	2	2	+	+	2	5
—	1	1	1	—	—	—	—	2	1	1	1	—	1	—	1	—	—	—	—	1	3
—	—	—	—	2	—	—	—	—	—	2	—	—	—	—	—	—	1	1	2	2	3
+	+	2	2	2	2	3	3	1	3	2	3	2	2	1	1	—	—	—	—	2	4
+	—	—	—	—	—	—	—	—	—	1	—	—	—	—	—	—	—	+	+	1	2
—	—	—	—	—	—	—	—	—	—	—	—	—	—	—	—	—	—	—	+	1	1
—	—	—	—	—	—	—	—	—	—	+	—	—	—	—	—	—	—	—	—	1	1
—	—	—	—	—	—	—	—	—	—	—	—	—	—	—	—	—	—	—	—	1	1

21	22	23	24	25	26	27	28	29	30	31	32	33	34	35	36	37	38	39	40	Auswertung: Deckungsgrad	Konstanz
5	5	5	5	4	5	5	5	5	5	5	5	5	5	5	5	5	4	5	5	5	5
4	4	4	4	3	4	5	4	4	4	3	4	4	4	4	4	1	3	4	2	4	5
1	1	1	1	1	1	1	1	1	+	1	+	1	1	1	1	1	1	1	1	1	5
2	1	1	1	2	1	3	2	2	3	3	2	2	3	2	3	1	3	2	2	2	5
1	+	1	2	1	1	1	2	1	—	+	1	+	1	+	1	3	2	1	1	1	5
2	2	3	1	2	2	2	2	2	2	2	2	3	1	2	1	3	3	1	3	2	5
—	—	—	1	1	—	—	—	—	—	—	1	+	+	—	—	1	1	3	—	1	3
—	—	—	—	—	—	—	—	—	—	—	—	—	2	—	—	—	—	1	—	1	2
—	—	—	—	—	—	—	—	—	—	—	—	—	—	—	—	—	—	1	—	1	1
—	—	1	1	2	—	—	—	—	—	—	—	2	2	2	3	—	—	—	—	1	2
—	1	—	—	—	—	—	—	—	1	1	—	—	—	—	—	—	+	—	—	1	2
—	—	—	—	—	—	—	—	+	—	—	—	—	—	—	—	—	—	—	—	+	+
—	—	—	—	—	—	—	—	—	—	—	—	—	—	—	—	—	—	+	—	+	+
—	—	—	—	—	—	—	—	—	—	1	—	—	—	—	—	—	—	—	—	1	+
—	—	—	—	—	—	—	—	—	—	—	—	—	1	—	—	—	—	—	—	1	1
—	—	—	—	—	—	—	—	—	—	—	—	—	—	+	—	—	—	—	—	+	+

Die 4 qm-Probefläche ergibt also in den Arten der Konstanzgruppe 5 genau dasselbe Bild wie die 1 qm-Fläche. Demnach genügt 1 qm zu einer richtigen Aufnahme dieser Assoziation. $^1/_4$ qm reicht dagegen nicht aus; denn darin fehlen wiederholt ganz wichtige Arten, die man bei Vergrößerung der Aufnahmefläche in jedem Quadrat findet.

Der Frühling schreitet vor; schon haben die Bäume des Waldes ihr Laub entfaltet. Da lockt es uns, einmal nachzusehen, ob auch unter dem Schirm ihrer Kronen so gleichmäßige Pflanzengesellschaften ausgebildet sind, wie wir sie bisher in der baumfreien Vegetation angetroffen haben. Wir gehen in einen hochstämmigen Buchenwald, der ein botanisch recht einfaches Aussehen hat, und betrachten aufmerksam die Kräuter am Boden. Ein ziemlich gleichmäßiger Teppich von Sauerklee und Waldmeister, mit einer Anzahl Begleiter, die aber an

Abb. 5. Mischwald aus Buchen und Kiefern im Belauf Wildtränke der Oberförsterei Eberswalde. Man sieht deutlich Flecke lockeren, grasfreien Unterwuchses mit Grasbeständen abwechseln. (Aufn. FR. MARKGRAF.)

Bodenbedeckung weit zurückstehen, breitet sich vor uns aus. Er macht ganz den Eindruck einer gut erkennbaren Assoziation, und wir gehen daran, die Grenzen dieses Assoziationsindividuums abzuschreiten. Diese zeigen sich auch nach kurzer Zeit: ein Stück weiter ab wogt ein dichtes Grasmeer, aus *Melica uniflora* gebildet, leise im Wind. Erst bei genauem Zusehen erblicken wir unter den Halmen versteckt Blätter von Stauden, die uns aus der Nachbarassoziation vertraut sind; aber sie spielen hier eine viel geringere Rolle. Die wichtigsten Konstanten, *Oxalis acetosella* und *Asperula odorata*, verlieren ganz ihren Rang und treten nur hier und da in kleinen Flecken auf.

Aber kann das denn eine neue Assoziation sein? Dieselben Bäume gedeihen doch in beiden mit derselben Üppigkeit! — Freilich stehen die Dinge hier etwas anders als in dem baumlosen Moor; aber unser Eindruck hat uns trotzdem richtig geleitet.

Wohl ist „der Buchenwald" auch eine Vegetationseinheit, aber eine höheren Ranges; wir mögen sie Assoziationsgruppe nennen. Was wir aber konkret vor uns sehen, sind nur Individuen von Assoziationen, und von diesen gibt es eine ganze Anzahl, in denen die Buche als

Abb. 6. Lebensgemeinschaft (Synusie) niederen Grades, die sich auf dem erhöhten Boden um eine Erlengruppe zusammengefunden hat: links *Anemone nemorosa*, in der Mitte *Brachypodium silvaticum*, rechts *Dryopteris thelypteris* und *Ficaria verna*. — Bredower Forst bei Berlin. (Aufn. Fr. Markgraf.)

beherrschende Baumart mitwirkt. Wir wollen also ruhig unsere beiden Gesellschaften des Unterwuchses mit ihren Bäumen als zwei Assoziationen bezeichnen und behandeln. Es ist ja letzten Endes willkürlich, ob man ihnen einen niedrigeren Rang, etwa als Varianten des *Fagetum silvaticae parviherbosum*[1]), des Buchenwaldes mit Niederstauden, zuerkennt — dann wäre dieser Begriff als Assoziation zu bezeichnen —;

---

[1]) Die Bezeichnung *-etum* mit dem Genitiv des Artnamens für die Assoziation ist international empfohlen worden; angewandt werden aber sehr oft auch kürzere Namen von anderer Beschaffenheit.

man muß sie nur richtig begrenzen und richtig darstellen. Das ist in jedem Fall nötig, und die Methode ist in jedem Fall dieselbe[1]).

Wie werden wir aber nun mit den Probeflächen zustandekommen? Der Unterwuchs sieht so einfach aus, als ob 1 qm bereits genügte; aber darin würde ja unter Umständen ein einzelner Baumstamm noch nicht einmal enthalten sein! Nehmen wir dagegen 16 qm oder noch mehr, so geht ein wesentlicher Vorteil der begrenzten Fläche verloren: das Quadrat wird unübersichtlich. Ein Wald ist eben recht ungleich zusammengesetzt; er enthält kleinere Lebensgemeinschaften („Synusien“[2]), die einen anderen ökologischen Rang besitzen als die Assoziation. Während diese nämlich aus Pflanzen mit ungleichen Standortsansprüchen besteht, die voneinander abhängen und so eine Einheit bilden — z. B. die lichtbedürftigen Bäume und ihr schattenliebender Unterwuchs, die hygrophilen Bodenpflanzen und die einem starken Feuchtigkeitswechsel ausgesetzten Epiphyten —, werden jene durch einen für alle ihre Pflanzen gleichen Hauptstandortsfaktor beherrscht, der sie zusammenhält. Das ist nicht allein der Fall bei den Kräutern des Waldbodens, die uns auf diese Betrachtung geführt haben; sondern ebensolche einfacheren Synusien bilden z. B. auch die Moose, Flechten, Algen und Pilze, die sich ganz gesetzmäßig an den Baumstämmen zusammenfinden; jeder einzelne Stamm bietet ein Individuum einer solchen Gesellschaft dar, ja sogar mehrerer Gesellschaften, da ja seine Flanken und Höhenstufen sich ökologisch unterscheiden. Ebenso ist es mit den Bewohnern der Felsen im Bergwalde. All diese niederen Synusien sind abhängig von dem Baumwuchs — dort finden sie Schatten, höhere Luftfeuchtigkeit, ausgeglichene Temperatur, geringeren Wettbewerb usw. —, aber in sich sind sie selbständig.

Das bringt praktisch für unsere Aufnahmen die Folge mit sich, daß wir ohne Bedenken jede Synusie für sich berücksichtigen können; wir werden jede mit einer für sie geeigneten Probeflächengröße behandeln und daraus das Gesamtbild der Assoziation zusammensetzen. Nehmen wir also erst einmal die Stauden und Kräuter auf:

(Forst Gramzow i. d. Uckermark, Jagen 25 am 12. VI. 1923, 1 qm.)

	1	2	3	4	5	6	7	8	9	10	11	12	13	14	15	16	17	18	19	20
Oxalis acetosella	1	1	1	1	1	1	1	1	2	1	1	1	1	1	2	1	1	1	1	1
Milium effusum	1	1	1	1	2	1	2	1	2	2	1	+	1	1	−	2	1	1	1	+
Asperula odorata	1	2	1	2	1	−	2	4	1	1	1	1	1	1	1	1	1	2	−	1
Viola silvatica	1	−	+	+	1	1	1	1	1	1	1	1	2	1	1	1	1	−	−	−
Anemone sp.	1	1	1	1	1	1	−	−	1	1	−	1	1	1	1	1	+	1	1	−
Lamium galeobdolon	2	2	1	2	2	1	3	1	1	+	−	−	−	−	−	−	−	+	2	1
Poa nemoralis	1	1	2	2	2	2	−	−	−	+	2	+	−	−	−	+	−	−	−	3
Acer pseudopl. jg.	+	+	+	−	+	−	−	−	−	−	+	+	−	+	−	−	+	−	−	+
Fagus silvatica jg.	−	−	+	−	−	+	−	−	−	−	−	−	−	−	+	+	−	+	−	−

---

[1]) Eine Reihe hierher gehörender Begriffe ist klar definiert bei Cajander in Acta Forest. Fenn. 20, 1922: „Zur Begriffsbestimmung im Gebiet der Pflanzentopographie“.

[2]) Vgl. Gams: Prinzipienfragen der Vegetationsforschung, in Vierteljahrsschr. Natf. Ges. Zürich 63, 421 u. 428. 1918.

	1	2	3	4	5	6	7	8	9	10	11	12	13	14	15	16	17	18	19	20
Ficaria verna	—	—	—	—	—	—	—	—	1	—	—	1	—	—	—	1	+	—	—	+
Melica, steril	—	—	—	—	—	—	—	—	—	—	—	+	+	1	1	—	—	—	—	—
Ranunculus auricomus . .	—	+	—	1	—	—	—	—	—	—	—	—	—	—	—	—	—	—	—	—
Geranium Robertianum .	—	—	—	—	—	—	—	+	1	—	—	—	—	1	—	—	—	—	—	—
Lactuca muralis	—	—	—	—	—	—	—	—	1	—	—	—	1	—	—	—	—	+	—	—
Hieracium murorum. . .	—	—	1	—	—	+	—	—	—	—	—	—	—	—	—	—	—	—	—	—
Circaea lutetiana	—	—	—	—	—	—	—	—	—	1	—	—	—	—	1	—	—	—	—	—
Moehringia trinervia . .	—	—	—	—	—	—	—	—	—	—	—	—	—	—	—	—	+	+	—	—
Veronica chamaedrys . .	—	—	—	—	—	—	—	—	—	—	—	—	—	—	—	—	+	1	—	—
Sanicula europaea . . .	—	—	—	—	—	—	—	—	—	—	—	—	—	—	—	—	+	—	—	2
Scrophularia nodosa. . .	—	—	—	+	—	—	—	—	—	—	—	—	—	—	—	—	—	—	—	—
Neottia nidus avis . . .	—	—	—	—	—	—	—	—	—	—	—	—	—	1	—	—	—	—	—	—
Catharinea undulata. . .	+	+	—	—	1	—	—	2	—	—	—	—	—	—	—	—	+	+	—	—
Brachythecium rutabulum .	—	—	—	—	+	—	—	—	—	—	—	—	—	—	—	1	—	+	—	—
Fissidens bryoides . . .	—	—	—	—	—	—	—	—	—	—	—	—	—	—	—	+	—	—	—	—

Die Verteilung der Bäume läßt sich hier sehr leicht ausdrücken:
es ist nur *Fagus silvatica* vorhanden, und zwar so dicht, daß das Laub-
dach keine Zwischenräume aufweist, also im höchsten Deckungsgrad (5),
und wenn wir uns Probeflächen abgesteckt denken — etwa von
8×8 qm Fläche —, auch im höchsten Konstanzgrad (5). Die Epiphyten-
gemeinschaft ist ebenfalls sehr einförmig: um den Fuß der Stämme
herum und an ihnen hinauf zieht sich dichter Bewuchs von *Stereodon
cupressiformis* (= *Hypnum cupressiforme*)[1]).

Reicher „Aufwuchs" setzt ja immer eine hohe Luftfeuchtigkeit voraus, und so kann sich das Bild der Klein-Epiphyten in einem Gebirgs-
buchenwald etwa in folgender Form darstellen:

Leucodon sciuroides . . . 4[2])		Collema rupestre . . . 2
Frullania dilatata 3		Leptodon Smithii . . . 1
Parmelia sulcata 3		Radula complanata . . 1
Lecanora subfusca . . . 3		Ramalina farinacea . . 1
Pterygynandrium filiforme 2		Peltigera canina . . . 1
Parmelia furfuracea . . . 2		Lobaria pulmonaria . . 1
P. fuliginosa 2		

(Buchenwald am Westhang des Mali Dajtit in Albanien, 1100 m, Kalk, 24. V. 1924.)

In unserem eben besuchten Wald war der räumliche Aufbau der
Teile der Assoziation recht einfach. Wir wollen deshalb noch ein anderes Beispiel aufsuchen, und zwar nehmen wir uns einen Kiefernwald vor. Die Kiefernwälder sind allerdings bei uns oft sehr stark
durch die Kultur verändert; aber es gibt stellenweise noch sehr gut
entwickelte, im Norddeutschen Tiefland z. B. auf den Sander-Ebenen,
die sich vor den buchenbestandenen Endmoränen der Eiszeiten aus-
dehnen. Einen solchen suchen wir uns aus. Wir stehen überrascht vor
der Reichhaltigkeit an Wuchsformen, die der an Arten arme Wald
aufweist. Unter den hohen Kiefern gedeihen Sträucher in verschiedenen

---

[1]) Die Aufnahme der Flechten auf der Buchenborke, die wahrscheinlich
vorhanden waren, besitze ich nicht.
[2]) Wegen der Bedeutung dieser Zahlen vgl. S. 30.

Abb. 7. Kiefernwald mit einzelnen Birken und dichtem Unterwuchs von *Vaccinium mystillus*, eine
in der Mark häufige Assoziation, bei Forsthaus Spring im Wiesenburger Fläming. Eine bedeutende
Strauchschicht aus natürlichem Jungwuchs der Kiefern ist entwickelt. (Aufn. Fr. Markgraf.)

Abb. 8. Mischwald mit Staudenschicht aus Adlerfarn. Forst Grumsin in der Uckermark.
(Aufn. K. Hueck.)

Abb. 9. Blick unter die *Pteridium*-Schicht desselben Waldes. Man erkennt *Vaccinium mystillus*, *Oxalis acetosella* und *Polytrichum strictum*. (Aufn. K. HUECK.)

Abb. 10. Starke Schichtung: Mischwald mit jungen Bäumen (Linden), *Pteridium*-Schicht und niedrigen Stauden darunter. (Bredower Forst. Aufn. K. HUECK.)

Höhen: düstrer Wacholder, lichte, kleine Birken, ganz junge Kiefern mit ihrem durchsichtigen, regelmäßigen Sproßaufbau. Den Boden bedeckt das übliche Gewand niedriger Gräser und Zwergsträucher, aus wenigen Arten gewebt; aber da das Muster nicht sehr dicht ist, fallen um so mehr eine Anzahl noch kleinerer Pflanzen auf, die die Zwischenräume und, wie wir alsbald bemerken, auch viel Platz unter dem Gekräut in dichtem Schluß einnehmen.

(Kiefernwald am Sandkrug bei Chorin i. d Mark, 14. V. 1923;
Quadrate bereits ausgewertet.)

	Deckungsgrad	Konstanz
Pinus silvestris alt	4	5
Juniperus communis	2	5
Pinus silvestris jung	4	2
Betula verrucosa klein	1	1
Quercus pedunculata klein . . .	1	1
Fagus silvatica klein	1	1
Aira flexuosa	2	4
Calluna vulgaris	2	2
Luzula campestris	1	1
Genista pilosa	3	1
Dicranum scoparium	2	5
Cladonia pyxidata	1—2	5
Dicranum undulatum	2	2
Hypnum Schreberi	1	2
Cladonia rangiferina (?)	1—2	2
Leucobryum glaucum	1	1
Cladonia tenuis	1	1

Der Wald ist deutlich geschichtet. In unserer Vegetation kehren die eben beobachteten Schichten immer wieder: Baumschicht, Strauchschicht, Staudenschicht („Feldschicht" der Schweden) und Bodenschicht. Wir können natürlich im Bedarfsfall die Teilung auch weiter treiben. Aber dies ist eine rein äußerliche, praktische Angelegenheit. Zu beachten ist dabei: je schärfer die Schichtung ausgeprägt ist, um so geschlossener sind die Schichten in sich. Sie bilden dann eben wieder gut umgrenzte Synusien.

Ein sehr schönes Beispiel hierfür liefert folgender Wald:

(Mischwald in der Forst Liebenwalde i. d. Mark, südlich der Römerwegbrücke
im Belauf Angra Pequena, 25. IX. 1923.)

		Deckungsgrad	Konstanz
Baumschicht:	Pinus silvestris	4	5
	Betula verrucosa . . .	1	5
	Fagus silvatica	1	4
Strauchschicht:	Fagus silvatica	2	3

Abb. 11. Beispiel einer wenig geschichteten Assoziation. Buchenwald in der Bredower Forst. (Aufn. K. HUECK.)

Abb. 12. Eine in unserer Vegetation wenig hervortretende Wuchsform, die Liane, in kräftiger Ausbildung im feuchten Birkenwald der Bredower Forst bei Berlin. (*Humulus lupulus.* Aufn. FR. MARKGRAF.)

	Deckungsgrad	Konstanz
Hochstaudenschicht: Pteridium aquilinum . .	5	5
Niederstaudensch.: Vaccinium myrtillus . .	4	5
Luzula pilosa.	1	4
Maianthemum bifolium .	1	4
Aira flexuosa.	1	3
Aspidium spinulosum . .	1	2
Oxalis acetosella . . .	1	2
Sorbus aucuparia klein .	1	1
Trientalis europaea . .	1	1
Lysimachia vulgaris . .	1	1
Molinia coerulea . . .	+	1
Fagus silvatica klein . .	1	1
Vaccinium vitis idaea. .	1	1
Rhamnus frangula klein .	+	1
Convallaria maialis. . .	1	1
Poa nemoralis	+	1
Moehringia trinervia . .	1	1

Bietet nicht eine so stark geschichtete Assoziation einen besonders schönen Beleg dafür, wie sich die Pflanzen einer Gesellschaft ineinanderfügen, wie sie in ihren Ansprüchen an Licht, Luftfeuchtigkeit, Boden und andere Standortsfaktoren voneinander abhängen? Insofern sind die Schichten doch mehr als willkürliche Einteilungsmittel; sie fassen Pflanzen derselben Wuchsform oder Lebensform zusammen. Diese ist in vieler Hinsicht ein Ausdruck ihrer Standortsanpassung. Das winzige Moos zwischen den Baumwurzeln flüchtet sich an ein Plätzchen, das dauernd eine gewisse Feuchtigkeit verspricht; die Zwiebelpflanze ist durch ihr unterirdisches Speicherorgan befähigt, eine Dürre oder sonstwie ungünstige Zeit zu überdauern; die Fettpflanze erträgt mit Hilfe ihres Wasserspeichers große Trockenheit; der Baum setzt zu jeder Jahreszeit seinen ganzen oberirdischen Körper der Gunst und Ungunst des Wetters aus und bedarf im ganzen zu seiner Versorgung größerer Stoffmengen als Pflanzen von niedrigerem Wuchs, usw. RAUNKIÄR hat ein umfangreiches System der ökologisch erklärbaren Wuchsformen aufgestellt, das von den Bedingungen eines periodischen Klimas als dem Extrem ausgehend die Ausbildung der Überdauerungsorgane zur Grundlage nimmt [1]). Die wichtigsten seiner „Lebensformen" sind allgemeiner in Gebrauch gekommen, und auch wir wollen sie in unseren Aufnahmetabellen dazusetzen, soweit wir sie angeben können. Es sind:

Ph Phanerophyten (Bäume und Sträucher).
Ch Chamaephyten (Zwergsträucher und Stauden mit Winterknospen bis zu 20—30 cm über dem Boden).
H Hemikryptophyten (Stauden mit Winterknospen unmittelbar in der Erdoberfläche).
G Geophyten (Überwinterungsorgane unter der Oberfläche).
Th Therophyten (einjährige Sommerpflanzen).
E Epiphyten.
S Sukkulenten.

---

[1]) Vollständig abgedruckt in deutscher Sprache bei RÜBEL: Geobotanische Untersuchungsmethoden (Berlin 1922) S. 175.

Wir haben bis jetzt immer versucht, ein recht typisches Bild der Assoziationen zu gewinnen und uns deshalb bei der Aufnahme von den Grenzen des Individuums etwas zurückgehalten. Aber wenn wir uns darin genügend geübt haben und uns im Erkennen von Pflanzengesellschaften sicher genug fühlen, müssen wir auch diese Teile angreifen.

Mit Recht haben wir immer Wert darauf gelegt, ein einheitliches Stück Vegetation aufzunehmen und uns deshalb jedesmal zuerst einen Überblick über die Ausdehnung des betreffenden Fleckes verschafft. An den Grenzen müssen wir Übergangserscheinungen erwarten; darum müssen wir uns hüten, den Grenzgürtel, der vielleicht schmal ist, beim Abstecken von Probeflächen mit Teilen des „normal" ausgebildeten Assoziationsindividuums zusammenzufassen. Wie können wir das aber vermeiden, da wir doch von vornherein nicht wissen, wo der Grenzstreifen anfängt? Er kann ja mit einer schwachen Veränderung des Bestandes beginnen, die dem Beobachter durch das ununterbrochene Fortbestehen einer in dichtem Schluß deckenden Konstante verborgen wird.

Dafür ist eine schnelle und doch sichere Methode von großem Wert, die sogenannte Linienschätzung[1]). Man legt quer über die Grenze hinweg, von der unveränderten ersten Assoziation bis in die typische Zone der Nachbargesellschaft, ein Band von Probeflächen lückenlos aneinander. Die einzelnen Quadrate werden dann nicht alle vereinigt, sondern man beachtet, wie sich gruppenweise ein Wechsel der Zusammensetzung vollzieht, z. B. in 4 oder 5 Quadraten eine wichtige Konstante verschwindet, in den nächsten neue Arten auftreten, die dann nicht mehr weichen usw.

Zur Übung suchen wir uns ein Beispiel, bei dem die beiden Assoziationen recht scharf verschieden sind, aber doch dank ihrer ökologischen Anpassungsfähigkeit ohne Sprung ineinander übergehen: einen Buchen- und Kiefernwald. Beide wachsen dicht nebeneinander auf Sandboden mit schwach lehmigem Untergrund, der von einem Bach durchschnitten wird. Das trockene Land bedeckt das *Pinetum;* je näher man dem Wasser kommt, um so mehr gelangt (offenbar infolge der erhöhten Luftfeuchtigkeit) der Laubwald zur Herrschaft, obgleich sich in der Höhenlage des Geländes nichts ändert.

Für den unveränderten (gemischten) Kiefernwald ergeben unsere Probeflächen folgendes Bild:

(Mischwald im Zanzetal bei Landsberg a. d. Warthe, 30. VI. 1923.)

		Deckungsgrad	Konstanz
Baumschicht:	Pinus silvestris.	5	5
Strauchschicht:	Fagus silvatica	4	5
	Carpinus betulus	3	5
	Ch Vaccinium myrtillus . . .	4	5
	H Oxalis acetosella	1	5
	H Lathyrus montanus . . .	1	3

[1]) Vgl. auch TH. FRIES: Den synekologiska Linjetaxeringsmetoden. — Medd. fr. Abisko Naturv. Stat. 2 (1919).

	Deckungsgrad	Konstanz
H Fragaria vesca	2	3
H Luzula pilosa	+	2
H Carex hirta	1	1
H C. pallescens	1	1
H Viola cf. silvatica	1	1
Ch Pirola secunda	1	+
G Anemone nemorosa	1	+
H Veronica officinalis	1	+
H Calamagrostis epigeios	1	+
Ch Vaccinium vitis idaea	1	+
H Stellaria graminifolia	1	+
H Hieracium murorum	+	+
H Aira flexuosa	+	+
H Anthoxanthum odoratum	+	+
Hypnum Schreberi	5	5
Hylocomium splendens	1	1

Der gleichmäßige Buchenwald hat ein wesentlich anderes Aussehen:

		Deckungsgrad	Konstanz
Baumschicht:	Fagus silvatica	4	5
Strauchschicht:	Fagus silvatica	2	2
	Carpinus betulus	1	1
Staudenschicht:	H Oxalis acetosella	2	5
	H Carex digitata	1	5
	H Dactylis glomerata	1	5
	G Maianthemum bifolium	1	4
	G Anemone nemorosa	1	3
	Fagus klein	1	2
	Carpinus klein	1	2
	H Poa nemoralis	1	2
	H Luzula pilosa	1	2
	H Festuca sp.	1	2
	H Veronica chamaedrys	1	2
	H Melica nutans	1	2
	Ch-G Anemone hepatica	1	1
	Ch-H Lamium galeobdolon	1	1
	G Milium effusum	1	1
	H Hieracium murorum	1	1
	H Phyteuma spicatum	1	1
	H Aspidium spinulosum	2	1
	Ch Vaccinium myrtillus	1	1
	H Veronica officinalis	1	+
	H Viola cf. silvatica	+	+
	Th Moehringia trinervia	+	+
Bodenschicht:	Polytrichum formosum	1	2
	Hylocomium triquetrum	2	1
	H. splendens	1	+
	Brachythecium rutabulum	1	+
	Catharinea undulata	+	+
	E Hypnum cupressiforme	5	5

Wir legen nun ein einfaches Band von 1 qm-Flächen quer zur Grenzzone aus und erhalten in den einzelnen Probequadraten:

	1	2	3	4	5	6	7	8	9	10	11	12
Carex digitata	+	+	−	+	+	−	−	−	−	−	−	−
Luzula pilosa	+	+	−	−	−	+	−	−	−	−	−	−
Lamium galeobdolon	+	1	−	−	−	−	−	−	−	−	−	−
Mnium hornum	1	−	−	1	−	−	−	−	−	−	−	−
Brachythecium rutabulum	2	2	−	−	−	−	−	−	−	−	−	−
Polytrichum formosum	−	1	−	2	1	−	−	−	+	2	2	2
Phyteuma spicatum	−	+	+	−	−	−	−	−	−	−	−	−
Fagus silvatica, klein	−	−	+	−	−	−	−	−	−	−	−	−
Vaccinium myrtillus	−	−	1	2	1	1	2	3	4	4	4	4
Catharinea undulata	−	−	1	−	1	−	−	−	−	−	−	−
Calamagrostis epigeios	−	−	−	−	1	1	−	−	−	−	−	−
Maianthemum bifolium	−	−	−	−	−	−	1	1	2	2	−	−
Anemone nemorosa	−	−	−	−	−	−	+	+	1	1	+	−
Melica nutans	−	−	−	−	−	−	−	2	3	3	1	2
Polygonatum multiflorum	−	−	−	−	−	−	−	1	−	−	−	−
Hylocomium splendens	−	−	−	−	−	−	−	−	1	+	1	1
Dicranum undulatum	−	−	−	−	−	−	−	−	1	1	−	−
Fragaria vesca	−	−	−	−	−	−	−	−	1	2	1	2
Pteridium aquilinum	−	−	−	−	−	−	−	−	+	−	2	2
Galium silvaticum	−	−	−	−	−	−	−	−	−	+	−	−
Viola cf. silvatica	−	−	−	−	−	−	−	−	−	1	−	−
Veronica chamaedrys	−	−	−	−	−	−	−	−	−	+	−	−
Oxalis acetosella	−	−	−	−	−	−	−	−	−	1	1	1
Lathyrus montanus	−	−	−	−	−	−	−	−	−	−	+	1
Vaccinium vitis idaea	−	−	−	−	−	−	−	−	−	−	−	1

Zum besseren Vergleich stellen wir in unserer Tabelle diejenigen Arten, die eine Zunahme in der einen oder der anderen Richtung erkennen lassen, zusammen. Wir können nun alle wesentlichen Schritte des Überganges in der Tabelle hervorheben (S. 28):

Deutlich bemerken wir einerseits in den Quadraten am Kiefernwald eine Zunahme an Zahl und Deckungsgrad bei Arten, die dem *Pinetum* hold sind, andererseits eine entsprechende Abnahme bei laubwaldholden[1]) Arten in den dem Laubwald benachbarten Probeflächen der Übergangszone. Eine Insel von Laubwaldpflanzen nahe der Kiefernassoziation bringt nur scheinbar eine Störung in die Regelmäßigkeit; in Wirklichkeit schließt sie sich eng an das Vorkommen einiger vorgeschobener *Carpinus*-Bäumchen an und beweist dadurch, wie eng die Schichten der Waldassoziationen miteinander verknüpft sind und wie scharf die einzelnen Flecke einer sich auflösenden Grenze umrissen sein können.

Wenn es uns notwendig erscheint — namentlich dann, wenn wir imstande sind, durch Messung des entscheidenden Standortsfaktors die einzelnen Zonen auch ökologisch zu charakterisieren —, so können wir jetzt noch mehr Grenzstreifen der beiden Assoziationen in der

---

¹) Über die umstrittene Frage der „Charakterarten" vgl. BRAUN-BLANQUET a. a. O. S. 313, Du RIETZ u. GAMS in Vierteljahrsschr. d. naturforsch. Ges. in Zürich **69**, 269. 1924. — BRAUN-BLANQUET ebenda **70**, 122. 1925.

Pflanzenarten	Laubwald Deckungs-grad	Laubwald Kon-stanz	1	2	3	4	5	6	7	8	9	10	11	12	Kiefernwald Deckungs-grad	Kiefernwald Kon-stanz	Gruppe
						Deckungsgrad in den Übergangsquadraten											
Vaccinium myrtillus	1	1	—	—	1	2	1	1	2	3	4	4	4	4	4	5	
Fragaria vesca	—	—	—	—	—	—	—	—	—	—	1	2	1	2	2	3	Zunehmender Kiefernwald
Oxalis acetosella	2	5	—	—	—	—	—	—	—	—	—	1	1	1	1	5	
Lathyrus montanus	—	—	—	—	—	—	—	—	—	—	—	—	+	1	1	3	
Vaccinium vitis idaea	—	—	—	—	—	—	—	—	—	—	—	—	—	—	1	+	
Pirola secunda	—	—	—	—	—	—	—	—	—	—	—	—	—	—	1	1	
Aira flexuosa	—	—	—	—	—	—	—	—	—	—	—	—	—	—	+	+	
Anthoxanthum odoratum	—	—	—	—	—	—	—	—	—	—	—	—	—	—	+	+	
Hypnum Schreberi	—	—	—	—	—	—	—	—	—	—	—	—	—	—	5	5	
Catharinea undulata	+	+	—	—	—	1	—	1	—	—	—	—	—	—	—	—	
Carex digitata	1	5	+	+	—	+	+	—	—	—	—	—	—	—	—	—	
Mnium hornum	—	—	1	—	—	1	—	—	—	—	—	—	—	—	—	—	
Phyteuma spicatum	1	1	—	+	+	—	—	—	—	—	—	—	—	—	—	—	Abnehmender Laubwald
Fagus, klein	1	2	—	—	+	—	—	—	—	—	—	—	—	—	—	—	
Lamium galeobdolon	1	1	—	—	—	—	—	—	—	—	—	—	—	—	—	—	
Milium effusum	1	1	—	—	—	—	—	—	—	—	—	—	—	—	—	—	
Anemone hepatica	1	1	—	—	—	—	—	—	—	—	—	—	—	—	—	—	
Hylocomium triquetrum	2	2	—	—	—	—	—	—	—	—	—	—	—	—	—	—	
Maianthemum bifolium	1	4	—	—	—	—	—	—	1	1	2	2	—	—	—	—	
Melica nutans	1	2	—	—	—	—	—	—	—	2	3	3	1	2	—	—	Laubwald-„Rückfall“ unter *Carpinus*-Bäumchen
Veronica chamaedrys	1	2	—	—	—	—	—	—	—	—	—	+	—	—	—	—	
Anemone nemorosa	1	3	—	—	—	—	—	—	+	+	1	1	+	—	1	+	

eben geübten Weise aufnehmen. Wir dürfen ja nicht vergessen, daß eine solche willkürliche Schätzungslinie nicht unbedingt ein richtiges Durchschnittsbild jeder Zone darstellen muß, sondern unter Umständen Flecke von örtlich abweichendem Gepräge durchschneidet, die bei der Gesamtaufnahme ihren richtigen Rang erhalten.

Wollen wir noch verfolgen, was gegen den Bach hin weiter aus unserer Buchenassoziation wird, so treffen wir ganz plötzlich andere Verhältnisse, sobald die Kante überschritten ist, von der eine steile Wand zum Bach abstürzt. Zwar ist auch sie noch von Buchen beschattet, aber diese finden auf dem abrutschenden Gelände nicht genug Halt, und infolgedessen unterbleibt die Waldbildung. Einige niedrige Stauden und namentlich Moose teilen sich in das Gelände, ohne das Gleichgewicht einer Gesellschaft zu erreichen, die überall in derselben Form wiederkehrt; sie ordnen sich nur lose nach den Standortsansprüchen der einzelnen Arten, so wie sie bald dieser, bald jener kleine Fleck erfüllt, und lassen zwischen sich Boden unbewohnt, der immer wieder abrieselt. Hier haben Quadrataufnahmen keinen Zweck, da ja das Vergleichbare fehlt. Wir werden also schätzen, in welcher Menge sich die Arten entlang unserer Linie verteilen (mit 5 Graden).

Oben auf der Kante selbst treffen wir in zufälliger Streuung Pflanzen des angrenzenden Waldes, aber bedeutend vermehrt *Polytrichum formosum*, das solche Kanten sehr liebt:

Oxalis acetosella	4	Anemone hepatica	1
Polytrichum formosum	4	Anemone nemorosa	1
Maianthemum bifolium	2	Veronica officinalis	1
Milium effusum	2	Carex digitata	1
Melica nutans	2	Vaccinium myrtillus	1
Dactylis glomerata	2	Phyteuma spicatum	1
Brachythecium rutabulum	2	Hieracium murorum	1

Ähnlich, aber mit immer weniger Anklängen an die letzte Waldassoziation geht es dann am Abhang weiter. Auf der geneigten Wand bis zu 20 cm über dem Bach finden sich:

Mnium hornum	5	Oxalis acetosella	2	Mnium affine	1
Anemone hepatica	3	Catharinea undulata	2	Mnium cuspidatum	1
Bartramia pomiformis	3	Thuidium tamariscinum	2	Moehringia trinervia	+
Brachythecium rutabulum	3	Carex digitata	1		
Phyteuma spicatum	2	Hieracium murorum	1		
Poa nemoralis	2	Plagiothecium denticulatum	1		

Das letzte, senkrechte Stück dicht über dem sommerlichen Wasserstand hat aufzuweisen:

Conocephalum conicum	5	Aegopodium podagraria	1
Mnium punctatum	3	Campanula rotundifolia	+
Mnium undulatum	2		

Die eben verwendeten Mengenzahlen haben nun, wenn wir es uns recht überlegen, einen mehrdeutigen Sinn (ebenso die auf S. 19 verwendeten). Wie können wir denn mit einer einzigen Zahl z. B. das Auftreten von *Polytrichum formosum* und mit einer ebensolchen das von *Milium effusum* vergleichbar ausdrücken? Das Moos bedeckt den Boden in dichten Polstern, fast lückenlos, ist also in dem betrachteten Fleck sowohl sehr zahlreich wie stark deckend; das Gras wird durch einen schmächtigen Halm hier, einen anderen dort vertreten, d. h. es ist zwar zahlreich vorhanden, aber von ganz geringem Deckungsgrad. Wenn wir ihm den Grad 2 zuerteilt haben und dem Moos den Grad 4, so haben wir damit schon unbewußt dem doppelten Wesen dieser Zahlangaben Rechnung getragen.[1)]

Wir besitzen also in dieser „Schätzungsmethode" eine Vereinfachung gegenüber der Probeflächenaufnahme, die besonders bei notgedrungen schnellem Arbeiten von Vorteil sein kann. Ihr Nachteil ist jedoch, wenigstens wenn sie auf ein ganzes Assoziationsindividuum auf einmal angewandt wird, daß man nachher aus den Zahlen weniger Einzelheiten herauslesen kann. Wegen seiner Einfachheit ist dieses Vorgehen häufig angewandt worden — es war ursprünglich auch das einzige, das es gab, und für manche Gesellschaften, z. B. in Felsspalten, auf Blockmeeren, in Dickichten, wo man keine Probefläche benutzen kann, ist es ja unumgänglich —, und es hat bei sorgfältiger und sinngemäßer Anwendung, die aber für jedes erfolgreiche Arbeiten Voraussetzung ist, bedeutsame Ergebnisse geliefert.[2)] Rübel und andere Schweizer Botaniker, die das Schätzen auf großen, nicht willkürlich begrenzten Probeflächen, also ganzen Assoziationsindividuen, herausgebildet haben, sind jedoch zu der Forderung gelangt, Deckungsgrad und Individuenzahl („Dominanz" und „Abundanz") getrennt zu schätzen[3)], wie wir es in unseren ersten Beispielen getan haben.

Wenn man gut in der Übung ist, kann man auch durch Schätzung außerdem die Konstanz festlegen und kommt dann zu Listen, deren Form ganz den mit der Quadratmethode gewonnenen entspricht.

3. Die Gesellschaftsfolge (Sukzession).

Hat uns die Beobachtung der moosbewachsenen Steilhänge die Grenzen unserer Arbeitsweise fühlbar gemacht, so bringt sie uns doch auch eine andere Frage nahe: ist es nicht möglich, daß diese Standorte allmählich von dem angrenzenden Wald erobert werden? Das wäre doch eine Beziehung zwischen Pflanzengesellschaften, die zu näherer Erforschung reizt.

Gewiß wird der Wald von diesem Gelände Besitz ergreifen, wenn erst durch bedeutende Abtragung — allerdings, wie man sieht, unter Verlust von Bäumen bei größeren Erdstürzen — die Steilheit des Gefälles abgenommen hat und die Moose und andere kleine Gewächse den kahlen Boden mit einer gleichmäßige Keimfeuchtigkeit sichernden Humus- und Pflanzendecke überzogen haben.

Unter günstigeren Umständen kann solch Vordringen einer Assoziation auch ein vollständiger Gewinn sein, ohne irgendeine Preisgabe

---

[1)] Vgl. S. 11. (Individuenzahl).
[2)] Vgl. Rübel a. a. O. S. 201. (das Bernina-Beispiel).
[3)] Vgl. Rübel a. a. O. S. 202.

wie hier durch den Absturz eines schon erworbenen Geländes. Das ist dann der normale Verlauf der Sukzession, wie die natürliche Folge von Pflanzengesellschaften auf derselben Stelle genannt wird.

Solche Vorgänge kann man besonders gut in bergigen Gegenden und an den Seeufern beobachten. Sei es, daß abgerutschte Felsstücke oder tiefes Wasser von Pflanzen in Besitz genommen werden, immer bewegt sich die Serie (die konkrete Kette der Assoziationen)[1] von einem an extreme Standortsverhältnisse (Temperaturschwankung, Dürre, Überflutung u. dgl.) angepaßten Anfangsverein zu ökologisch ausgeglichenen Gesellschaften hin. Aber nicht nur Neuland unterliegt

Abb. 13. Verlandungsvegetation, vom Land gegen das Gewässer hin in Zonen angeordnet: 1) *Carices*, 2) *Caltha palustris*, 3) *Phragmitetum*. (Brodowin-See bei Chorin. Aufn. K. HUECK.)

der Bewältigung durch das Leben, sondern auch unter den nebeneinander gedeihenden Pflanzenvereinen besteht eine fortwährende Spannung dank dem Ausdehnungsbestreben jedes einzelnen und seiner einzelnen Arten. Sobald der Standort sich zuungunsten des einen ändert, rückt der andere vor.

Wir können dies in lehrreicher Weise verfolgen, wenn uns z. B. ein Waldrand an einer Wiese, die nicht gemäht wird, zugänglich ist[2].

---

[1] FURRER: Begriff und System der Pflanzensukzession. Vierteljahrsschr. d. naturforsch. Ges. in Zürich. 67, 132. 1922. — CLEMENTS: Plant Succession. Washington 1916. — Ferner LÜDI in Verhandl. d. naturforsch. Ges. in Basel 35. 277. 1923. — LÜDI: Die Sukzession der Pflanzenvereine. Mitt. d. naturforsch. Ges. in Bern. 1919.

[2] Näheres vgl. S. 53.

Alle ähnlichen Vorkommnisse leisten natürlich denselben Dienst: wer
Bergschutt zu untersuchen Gelegenheit hat, mag dessen Überwinder
studieren; wer ein Gewässer leicht erreichen kann, mag der schon oft
geschilderten Verlandung (vgl. Abb. 13) seine Aufmerksamkeit zuwenden;
wo ein Moor über Wald oder Wiese sich ausdehnt, wird man diesen
Hergang verfolgen usw. Oft lösen künstliche menschliche Eingriffe einen
Sukzessionsvorgang aus; Straßen- und Bahnbauten z. B. liefern Gelände, das der Einwanderung offen liegt, nicht nur an ihren Rändern
selbst, sondern auch in den Ausstichen, aus denen die Erde zur
Aufschüttung entnommen worden ist. In solchen Fällen muß aber

Abb. 14. Frühlingsaspekt des feuchten Birkenwaldes in der Bredower Forst bei Berlin.
*Pulmonaria officinalis, Brachypodium silvaticum, Anemone hepatica, A. nemorosa, Lamium
galeobdolon.* 19. V. 1923. (Aufn. FR. MARKGRAF.)

darauf geachtet werden, ob wirklich völlig reines Neuland vorliegt und
nicht vielmehr eine Reihe von Verbreitungseinheiten — Samen, Wurzel-
stöcken usw. — im Boden erhalten geblieben ist.

Die tatsächliche Veränderung der Vegetation, auf die es uns zunächst allein ankommt, stellen wir fest, indem wir uns Probeflächen zu
wiederholter Benutzung, etwa durch eingerammte Pfähle, kennzeichnen.
Beim ersten Besuch nehmen wir eine Linienschätzung in der oben
beschriebenen Weise vor und legen in typisch entwickelten Flächen
der einzelnen Stadien Dauerquadrate an. So zeigt uns der Waldrand folgende Hauptzonen: die Wiese, einen Strauchweidengürtel, dichtes
Birkengehölz fast ohne Unterwuchs, lichteren Mengwald. Jede erhält

ihre ausgesuchte Dauerfläche, die mindestens die Größe des höchsten Minimiareals aus beiden benachbarten Assoziationen hat.

Dasselbe Verfahren empfiehlt sich auch, um den jahreszeitlichen Wechsel in einer Assoziation festzuhalten. (S. 9). Ein Mengwald von der Art, wie wir ihn gerade vorgenommen haben, besitzt im Frühling das Aussehen, das Abb. 14 darstellt.

Im Herbst hat sich seine Zusammensetzung zu einem ganz anderen Bild verändert (Abb. 15).

Eine wesentliche Unterstützung kann uns bei solchen Untersuchungen die Karte liefern. In einfachster Form gehalten vermittelt eine Skizze, die das Wesentliche in Umrissen hervorhebt, auch dem Uneingeweihten

Abb. 15. Herbstaspekt derselben Stelle. *Brachypodium silvaticum, Lamium galeobdolon, Anemone hepatica.* 21. X. 1923. (Aufn. FR. MARKGRAF.)

sofort einen Überblick. Zu beachten ist, daß die verwendeten Zeichen das Bild nicht stören und sich gegenseitig gut unterscheiden.

Auch im ganzen ist bei der Gebietsaufnahme eine Übersichtskarte natürlich von Vorteil.[1]) Man wird sich da am besten auf vorhandene topographische Karten stützen. Um die Assoziationen maßstabgetreu einzutragen, lehnt man sich am besten an in der Karte wiedergegebene Geländeformen an; in sehr vielen Fällen sind deren Umrisse ja zugleich Grenzlinien von Vegetationseinheiten. Wo das nicht möglich ist, auch künstliche Anlagen wie Wege, Eisenbahnen usw. keinen An-

---

[1]) RÜBEL: Vorschläge zur geobotanischen Kartographie. Beitr. z. geob. Landesaufn. der Schweiz 1 (Zürich 1916). — DRUDE: Die kartographische Darstellung mitteldeutscher Vegetationsformationen. Engl. Bot. Jahrb. **40**, 1907.

halt bieten, muß die betreffende Strecke mit einer eingeteilten Leine gemessen und ihre Richtung mit dem Kompaß bestimmt werden.

Die Wiedergabe im Kartenbild muß vor allen Dingen übersichtlich bleiben. Dazu gehört eine ungezwungene Vereinfachung. Geringe soziologische Abweichungen wird man, wenn nicht gerade sie dargestellt werden sollen, ganz weglassen; Übergangsbildungen werden, wenn schon viele reine Gesellschaften einzutragen sind, derjenigen von diesen zugeteilt, der sie am meisten ähneln. Wenn Farben verwendet werden können, wird man sie zur Veranschaulichung der großen Einheiten benutzen und etwa allen gleichen Formationen, d. h. Einheiten derselben Wuchsform, also Laubwald, Nadelwald, Wiese usw., denselben Ton geben. Die Assoziationen können dann durch aufgetragene schwarze, nicht farbige Zeichen ausgedrückt werden. Solche Zeichen werden weit mehr nötig sein, als sie die topographische Karte enthält. Man muß also gut unterschiedene, möglichst sinnbildliche erfinden. Eine große Anzahl ist von den Schweizer Forschern bereits erprobt worden.[1] Für Schwarzdruck können Schraffensysteme von Vorteil sein, wenn man durch die Menge kleiner Zeichen das Bild zu verwirren fürchtet. —

Aber damit genug der Aufnahmen! Wenn wir festlegen können, wie die Vegetation aussieht, dann wollen wir doch wissen, was sie zu einer gesetzmäßigen Anordnung veranlaßt.

---

[1] Vgl. Rübel a. a. O. S. 283.

Der Standort.

Die Ursachen dafür, daß die Glieder der Pflanzengesellschaften sich nach gleichmäßigen Regeln ordnen, liegen in ihren Fähigkeiten, die Art am Leben zu erhalten. Dazu gehört ihr Ausbreitungsvermögen: eine Art, die viele Samen und Früchte mit wirksamen Verbreitungsmitteln in die Welt schickt oder sich vegetativ günstig vermehrt, hat gute Aussichten, viel Land zu besetzen und dadurch zu einer beherrschenden Rolle in einer Assoziation zu gelangen. Noch wichtiger ist aber ihre Einstellung zur Umgebung, als Keimling und als erwachsene Pflanze. Je nachdem sie sehr verschiedenen Klimaverhältnissen gut oder schlecht zu folgen vermag und sich sowohl auf dürftigem Boden bei reichen Nährstoffen gut entwickelt oder nur den einen bevorzugt, wird sie viele oder wenige Standorte erobern und in einer größeren oder beschränkteren — auch in ihren Eigenschaften beschränkteren — Zahl von Pflanzenvereinen eine Heimstätte finden. Sie trifft aber auf Schicksalsgenossen, und im Wettbewerb mit diesen hängt die Entscheidung über ihre Rolle in einer Assoziation davon ab, wie gut sie imstande ist, ihre eigene Entfaltung neben den anderen durchzusetzen oder durch ihre Wuchsweise (Beschattung, Wurzelausbreitung usw.) den Standort einseitig zu ihren Gunsten zu verändern.

In dieser Hinsicht wohnen den Arten sehr verschiedene Eigenschaften erblich inne, und die Amplitude dieser Eigenschaften bestimmt ihr Auftreten in wenigen oder vielen Gesellschaften, ihre Geselligkeit (Soziabilität[1]), ihre Konstanz und ihren Deckungsgrad.

Die Veranlassung zur Betätigung der genannten Eigenschaften bildet also der Standort im weitesten Sinne, d. h. die gesamten Faktoren der Umwelt. Dadurch, daß sie sich den Einzelpflanzen ganz verschieden darbieten und von ihnen wieder umgemodelt werden, bieten sie gleichzeitig auch eine Grundlage für deren Vereinigung zu Gesellschaften. Jede Wuchsform erzeugt eine Abwandlung der Faktoren, die sie selbst genießt — oft in das vollständige Gegenteil — und liefert dadurch Arten, die gerade hieran angepaßt sind, die Möglichkeit der Ansiedlung. Die in ihren Ansprüchen übereinstimmenden Arten treten miteinander in Wettbewerb, die eine muß zurücktreten, die andere erhält sich in größerer Menge; so stellt sich auch hier ein Gleichgewicht her. Beides veranlaßt die Bildung von Lebensgemeinschaften.

Zwei Gruppen von Erscheinungen müssen wir also beobachten: die Lebensumstände, die sich für die Pflanzenvereine aus den physikalischen und chemischen Eigenschaften ihrer Umwelt ergeben, und

---

[1]) BRAUN-BLANQUET a. a. O. S. 333.

die Bedingungen, unter denen sie einen Zusammenschluß mit anderen lebenden Wesen — Pflanzen und Tieren — eingehen. In der ersten Gruppe, den ursprünglichen Standortsfaktoren, sind am Werke: Klima, örtliche Lage — meist durch das Klima wirksam — und Boden[1]). Sehr viele einzelne Faktoren kommen dabei zur Geltung, und zwar, da sie bald so bald anders verkettet sein können, in verschiedener Weise. Es ist wichtig, im Einzelfall diese Verkettung aufzudecken und den Faktor zu erkennen, der über das Gepräge der Assoziation entscheidet. Hierfür lassen sich keine allgemeinen Anweisungen geben; das kann man zunächst nur mutmaßen und danach durch Messungen an typischen und an abweichenden Punkten zu beweisen versuchen. Wir wollen uns für unsere Übungen solche Standorte wählen, wo wir der Reihe nach bald die eine, bald die andere ökologische Bedingung im Vordergrund sehen.

1. Klima.

Nehmen wir einen Laubwald sorgfältig auf, so sind wir verwundert, wie verschiedene Wuchsformen nicht nur neben-, sondern untereinander Platz finden. Da sind die Bäume, außen mit dunklem, derbem Laub bekleidet, in den inneren Teilen der Krone zarter grün. Unter ihnen erhebt sich eine Strauchschicht, die wieder Stauden beschattet: Stauden mit beliebig verteilten Blättern, solche mit sorgfältig ausgerichtetem Laubmosaik, das jedes Blatt vor der Beschattung durch andere Teile der eigenen Pflanze bewahrt (z. B. *Geranium Robertianum*) und solche, bei denen eine dem Boden angedrückte Rosette von Blättern durch ihre Beschattung die Moose fernhält, die sonst unter dem Grün der Stauden einen wenig lückenhaften Teppich bilden. Viele von diesen Anpassungen, diesen Wuchsformen legen die Meinung nahe, daß das Licht eine entscheidende Wirkung in der Ausbildung von Waldassoziationen ausübt. Wir werden ihm also besondere Aufmerksamkeit widmen, werden es an den verschiedensten Einzelstandorten (z. B. in verschiedenen Höhen), zu verschiedener Tageszeit, bei verschiedenem Wetter usw. zu messen versuchen.

Welcher Anteil der im freien herrschenden Lichtmenge in einem bestimmten Zeitpunkt an irgendeiner Stelle wirkt, das kann man leicht mit Hilfe des Wiesnerschen Photometers feststellen. Man setzt ein lichtempfindliches Papier dem Licht aus und bestimmt — nach dem Sekundenzeiger — die Zeit, die vergeht, bis es einen bestimmten Grad der Schwärzung erreicht hat. Zu diesem Zweck muß ein unveränderlicher Vergleichsfleck von der betreffenden Schwärze neben der zu belichtenden Papierstelle angebracht sein. Eine bequeme und lichtsichere Form dieses Apparates ist das (für Photographen bestimmte) Photometer von Wynne, das wie eine Taschenuhr aussieht. Das drehbare Hintergehäuse enthält ein Blatt Photometerpapier, auf das durch einen Spalt im „Zifferblatt" Licht fällt. Solange man nicht mißt, ist dieser Spalt von

---

[1]) Vgl. hierzu das soeben erscheinende Werk von Lundegårdh: Klima und Boden. Jena 1925.

einem verschiebbaren gelben Schutzglas bedeckt[1]). Neben dem Spalt befinden sich zwei Vergleichsfarbflecke. Der Farbton des helleren von diesen wird in der Hälfte der Zeit erreicht wie der des dunklen; er bietet also eine Erleichterung bei sehr schwachem Licht.

Um festzustellen, welchen relativen Lichtgenuß[2]) ein Bestand von *Oxalis acetosella* am Boden eines Buchenwaldes hat, d. h. welchen Anteil des Gesamtfreilichts er genießt, halten wir das Instrument in den Bestand hinein, drehen eine unbelichtete Stelle des Papiers unter den Spalt, ziehen die Uhr und schieben in einer bestimmten Sekunde das gelbe Glas beiseite. Sobald das Papier die Schwärze des dunklen Vergleichsflecks erreicht hat, wird die Sekundenzahl wieder abgelesen und das gelbe Glas wieder vorgeschoben. Nachdem wir schnell die abgelesene Belichtungszeit abgeschrieben haben, eilen wir auf eine benachbarte Wiese, entfernen uns mindestens 20 m vom Waldrand und wiederholen hier dasselbe Verfahren. Am besten vergleichbar sind die Messungen, wenn wir beide bei klarem Sonnenschein oder bei wirklich einige Zeit unverändert grauem Himmel (der aber sehr selten ist!) anstellen. Da nun geprüft worden ist, daß das Papier zur gleichen Schwärzung in zwei verschiedenen Fällen ebensoviel mehr Zeit braucht, wie das Licht schwächer ist, so läßt sich das Verhältnis unmittelbar angeben. In unserem Sauerkleebestand hat die Schwärzung 30 Sekunden gedauert, auf der Wiese $1^1/_2$ Sekunden, d. h. $^1/_{20}$ der Zeit; mithin war der relative Lichtgenuß des Sauerklees $^1/_{20}$.

Abb. 16. Photometer von WYNNE.

Wir wollen gleich noch mehr solche Messungen anstellen, aber da hindert uns das Wetter: in dauerndem Wechsel ziehen Wolken über die Sonne und ändern fortwährend die Lichtstärke. Wenn man doch Lichtsummen messen könnte, etwa den Lichtgenuß eines ganzen Tages an einer Stelle! Dafür gibt es das Graukeilphotometer von EDER und HECHT.

Es besteht aus einem gleichmäßig dicker und damit lichtundurchlässiger werdenden Keil aus gefärbter Gelatine, der unter Glasschutz in einer Art Kopierrahmen liegt und eine 2 mm-Skala enthält. Hinter den Keil wird im Dunkeln (Rucksack, Mantel oder dgl.) ein Streifen des dafür geeichten Photometerpapiers gebracht und mit Hilfe des Holzdeckels festgeklemmt. Beim Beginn der Belichtung, den man

---

[1]) Dieses Glas ist mit Leim aufgeklebt und löst sich bei Regen los. Man tut gut, es nach sorgfältiger Reinigung mit Kanadabalsam zu befestigen.
[2]) WIESNER: Der Lichtgenuß der Pflanzen. Leipzig 1907.

natürlich wieder mit der Uhr bestimmt, wird der Blechdeckel der Vorderseite herausgezogen. Zum Schluß schiebt man diesen wieder darüber und verpackt, wenn noch andere Messungen sich anschließen sollen, den belichteten Streifen im Dunkeln in lichtdichtes Papier. Zu Hause legt man ihn 8 Minuten in Gold-Ton-Fixierbad — nicht ganz frisches, auch nicht ganz altes — und liest dann in hellem, diffusem Licht, einmal vom oberen Ende des Streifens her, und einmal vom unteren, ab, bis zu welchem Teilstrich die Keilskala durchkopiert worden ist. Aus der beigegebenen Tabelle entnimmt man den relativen Lichtwert[1]) und kann ihn mit denen anderer Messungen vergleichen. Es gibt Graukeile mit verschieden steiler Dickenzunahme; für Dauermessungen kommen solche mit der Keilkonstante 0,3 oder 0,4 in Frage; zu kurzen Messungen verwendet man 0,18. Ein sehr wichtiger Punkt ist noch die spiegelnde Oberfläche des Keils. Um ihre Rückstrahlung zu vermeiden, zerstreut man das Licht durch eine — mit der rauhen Fläche nach oben — darübergelegte Milchglasplatte, die in einer Nebenlicht abschließenden Blechkappe befestigt ist. Natürlich wird die tatsächliche Lichtmenge hierdurch herabgesetzt; aber man erhält richtigere Vergleichswerte, und auf diese allein kommt es ja an. Wenn man mehrere Instrumente benutzt, muß man die Milchglasplatten eichen, d. h. ihre Durchlässigkeit in

Abb. 17. Graukeilphotometer von EDER und HECHT. Daneben die Milchglaskappe von DORNO.

Zahlen ausdrücken. Man macht in vollem Tageslicht mit demselben Keil unmittelbar nacheinander erst mit der einen, dann mit der anderen Kappe je zwei Messungen von kurzer, mittlerer und langer Dauer. Beim Vergleichen der fixierten Streifen bildet man einen Mittelwert für jede Kappe und kann nun z. B. sagen: die Kappe 1 läßt $^7/_{10}$ soviel Licht durch wie die Kappe 2. In derselben Weise kann man auch die Keile selbst eichen. —

Wir wollen einmal eine Stichprobe aus dem täglichen Lichtklima der Feldschicht und der Bodenschicht des Waldes aufnehmen, in denen uns ja eine große Verschiedenheit der Wuchsformen aufgefallen war. Dazu legen wir morgens das eine der geeichten, vorher mit Papier beschickten Photometer mitten in den Moosrasen und bedecken es mit

---

[1]) Der daneben angegebene absolute ist nach DORNO fehlerhaft.

seiner Milchglaskappe. Das zweite bringen wir ebenso in Höhe der Stauden an, indem wir es auf Zweige legen, die wir in den Boden stecken. Dann ziehen wir bei beiden möglichst kurz nacheinander die Blechdeckel ab und schreiben den Zeitpunkt auf, in dem dies geschieht. Nach einer Stunde schieben wir die Blechdeckel wieder darüber, nehmen eins der Photometer, einen Bleistift, ein Stück schwarzes Papier aus einem Plattenpaket und das Paket mit unbenutztem Photometerpapier unter den Mantel und öffnen den Holzdeckel des Photometers. Unter sorgfältigem Lichtabschluß schreiben wir nach Gefühl ein Zeichen auf die Rückseite des Streifens, das Nummer der Messung, Stelle und Instrument erkennen läßt, wickeln ihn in das schwarze Papier und legen einen neuen Streifen in den Apparat. Ebenso verfahren wir mit dem zweiten Instrument. Wir wiederholen die Messung sofort, machen dann etwa noch zwei um die Mittagszeit und zwei am Abend. Zu Hause bringen wir im Dunkeln die Streifen nacheinander ins Fixierbad. Im diffusen Tageslicht lesen wir ab und entnehmen

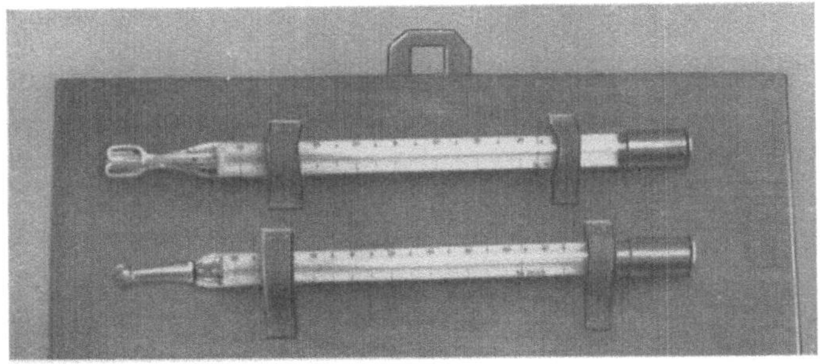

Abb. 18. Maximum- und Minimumthermometer in primitiver Aufhängung.

der Tabelle die zu den betreffenden Skalenteilen gehörenden relativen Lichtwerte. Dann haben wir ein Beispiel für den verschiedenen Lichtgenuß zweier Waldschichten zu den wichtigsten Tageszeiten. —

Auch der Wärme dürfen wir natürlich unsere Aufmerksamkeit nicht vorenthalten. Wie stark müssen z. B. die Pflanzen einer hochgrasigen Wiese durch ihre windhemmende Wirkung die Temperatur dicht über dem Boden gegenüber der der freien Luft erhöhen! Noch viel mehr die Bäume eines Waldes! Wir werden wie in diesem Beispiel fast immer örtliche Besonderheiten des Klimas zu messen haben und dürfen deshalb diejenigen meteorologischen Vorschriften, die auf gute allgemeine Mittelwerte abzielen, nicht befolgen.

Für Dauermessungen stellen wir ein Maximum- und ein Minimumthermometer wagerecht auf (das senkrechte vereinigte SIXT-Thermometer ist beim Transport zu leicht Störungen ausgesetzt). Bei jedem Besuch schreiben wir den Quecksilberstand des Maximumthermometers und die Stellung des Stäbchens im Minimumthermometer auf und außerdem den augenblicklichen Stand der Flüssigkeit im Minimumthermometer. Die Höchst- und Mindestwerte gelten natürlich für die ganze Zeit, die seit der letzten Ablesung vergangen ist.

Die wahre Lufttemperatur, die im Augenblick herrscht, messen wir mit dem Schleuderthermometer. Das ist ein kleines, einfaches Instrument, das man an einem ums Handgelenk befestigten Faden im Kreise schwingt, bis es nicht mehr sinkt, d. h. etwa 1 Minute lang, danach wird schnell abgelesen. Der Zweck des Verfahrens ist der, die Erwärmung durch Strahlung auszuschließen.

Die Pflanzen sind aber gerade auch der strahlenden Wärme oft sehr ausgesetzt. Empfinden doch wir selbst eine nach Süden gekehrte Felshalde, Mauer oder nur den Südhang eines Sandhügels im Sommer oft als überlegen an Temperatur im Vergleich zur Luft. Welche Strahlenwirkung vom Boden her müssen da die kleinen Kräutlein aushalten, die in ihrer lockeren Verteilung auf solchem Standort schon die Schwierigkeiten ihres Lebens andeuten! Einen Begriff davon kann uns das Schwarzkugelthermometer verschaffen, dessen mattschwarzes Quecksilbergefäß alle Wärmestrahlen auffängt. Bei etwa 30° Lufttemperatur

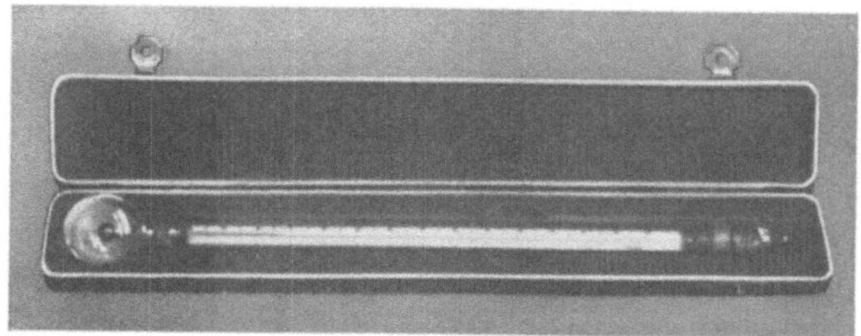

Abb. 19. Schwarzkugelthermometer mit Kasten dazu.

im Sonnenschein auf einen solchen Boden gelegt, läßt es seinen Quecksilberfaden in wenigen Sekunden bis auf 50° und darüber emporschnellen.

Der Standort, auf dem wir zuletzt unsere Temperaturmessungen angestellt haben, führt uns noch einen anderen Faktor ganz augenfällig vor: das Wasser, das ja tatsächlich für viele Pflanzenvereine den Mindestwert des Gedeihens darstellen kann.

Den Regen zu messen, wird nur bei örtlichen Verschiedenheiten, namentlich bei felsbewohnenden Flechten- und Moosassoziationen, von Bedeutung sein. Wir finden z. B. im Gebirge eine steile Talflanke, über die der Regen von dem vorherrschend regenbringenden Wind hinweggefegt wird, so daß er die Hänge dort kaum benetzt; gegenüber aber trifft er mit ganzer Masse das üppig begrünte Gehänge. In solchem Fall werden wir Regenmesser aufbauen. Das einfache Modell nach HELLMANN[1]) besteht aus einem Auffanggefäß und einem geschützten

---

[1]) Vgl. Anleitung zur Anstellung und Berechnung meteorologischer Beobachtungen. Veröff. Preuß. Meteorolog. Instit. 4. Aufl., 1924. (2 Teile).

Sammelbecken. Dieses muß alle Tage in ein Meßglas entleert werden,
das unmittelbare Ablesung in Regenmillimetern gestattet.

Wichtiger als die Niederschläge ist aber der dauernde Feuchtig-
keitsgehalt der Luft, dem die Pflanzen fortlaufend ausgesetzt sind.
Ein einfaches Meßinstrument für die relative Luftfeuchtigkeit ist
das Hygrometer, das die mit steigendem Wasserdampfgehalt stetig
nachlassende Spannung eines Haares anzeigt. Dieser Apparat ist sehr
empfindlich und muß beständig durch Vergleich mit einem Psychrometer nachgeeicht werden. Deshalb nimmt man, wenn es nicht zu
schwer wird, lieber gleich ein Psychrometer mit hinaus. Es mißt
den Temperaturunterschied zwischen einem feucht gehaltenen und

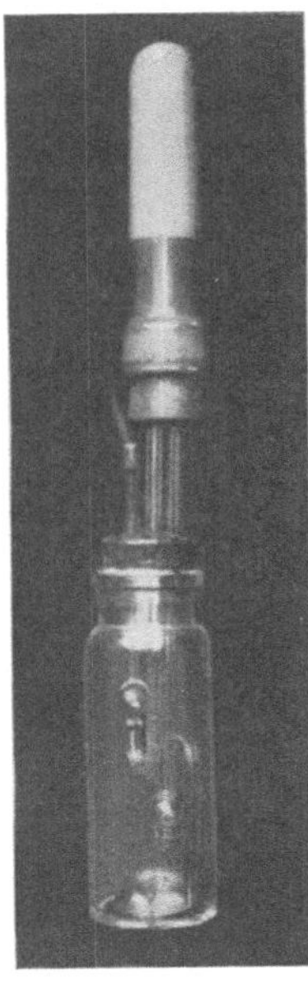

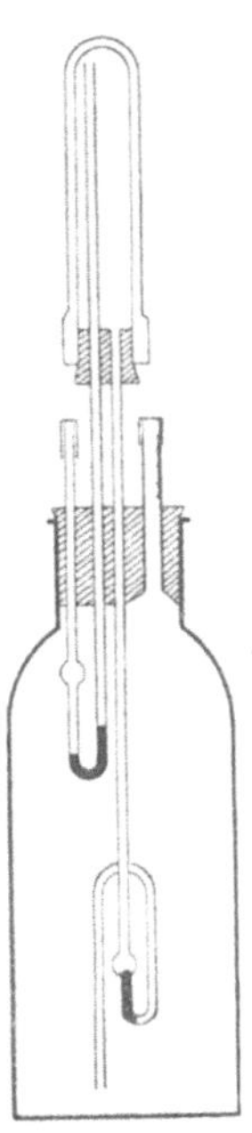

Abb. 20. Verdunstungsmesser mit Rückfluß-
sicherung nach LIVINGSTON und SHIVE.

Abb. 21. Dasselbe, Bild von SHIVE.

einem trocknen Thermometer und gestattet, mit Hilfe einer Tabelle
daraus die relative Luftfeuchtigkeit zu entnehmen. ASSMANN führte
eine Form ein, bei der eine durch Uhrwerk betriebene Vorrichtung
einen Luftstrom gegen die Thermometer bläst, damit das feuchte bei
guter Verdunstung anzeigt.

Obgleich wir im Sommer gewöhnlich eine hohe Luftfeuchtigkeit
haben, können wir doch bemerken, daß manche unserer Sandflur-
bewohner angewelkt sind. Sie haben das an die Luft abgegebene
Wasser nicht schnell genug ersetzen können; denn sie waren z. B.
einer örtlich höheren Temperatur ausgesetzt und lagen außerdem dem
Wind offen, der etwa mit Wasserdampf angereicherte Luft immer
wieder hinwegführte. Sollten wir da nicht lieber eine Vorrichtung be-

nutzen, die unmittelbar die Verdunstungskraft der Luft mißt, so wie sie durch die Wirkung der verschiedenen Faktoren zustande kommt? Ein praktischer Verdunstungsmesser für unsere Zwecke ist der von LIVINGSTON[1]) erprobte. Ein oben geschlossener Tonzylinder stellt die verdunstende Oberfläche dar; er ist mit einem Gummistopfen auf einem Steigrohr befestigt, das auf den Boden des Wasserbehälters hinunterreicht. Dessen Verschluß enthält außer der Bohrung für das Steigrohr noch ein Rohr mit Marke zum Nachfüllen. Außerdem läuft ein Saugrohr, das beim ersten Füllen des Apparates benutzt wird, aus dem Tongefäß zweimal durch den paraffinierten Korkstopfen der Flasche. Beide Leitungsröhren sind starkwandige Kapillarröhren. Sie enthalten je eine Quecksilberfalle (siehe Abb. 20), die den Eintritt von Regen durch die Tonporen verhindert, indem sie dem Druck nicht nachgibt. Gefüllt wird das Ganze mit destilliertem Wasser, um Algenverschmutzung zu verhüten. Damit die verdunstende Oberfläche sauber bleibt, darf man diesen Teil des Zylinders nicht anfassen. Abgelesen wird, indem man aus einem Meßglas vorsichtig bis zu der Marke des Füllrohrs nachgießt und die dazu nötige Menge feststellt.

Der Wind wird in Richtung und Stärke wohl meist durch Schätzung für ökologische Zwecke ausreichend bestimmt werden können. Die Stufen der Windstärke sind:

0 Windstille, Rauch steigt vollkommen gerade auf.
2 leichter Wind, eben fühlbar.
4 mäßiger Wind, bewegt kleine Baumzweige.
6 starker Wind, bewegt Baumäste und wird an unbewegten Gegenständen hörbar.
8 stürmischer Wind, bewegt ganze Bäume, hält Wanderer auf.
10 voller Sturm, entwurzelt Bäume.
12 Orkan, wirkt verheerend.

Wo dies nicht ausreicht, sind Windfahne und Anemometer notwendig, deren käufliche Formen hier nicht beschrieben zu werden brauchen[2]).

2. Geländeform.

Schon bei unseren Beobachtungen über einzelne Klimafaktoren war uns wiederholt ein ökologischer Einfluß erkennbar geworden, der auf das Gelände zurückging, jedoch meist nicht durch den Boden, sondern durch das Klima wirksam wurde: der Einfluß der Lage, der Geländeform. Im großen übt dieser ja im Gebirge bedeutende Wirkungen aus; ein Talhang z. B. wird viel später schneefrei als der andere, den die Sonne länger bescheint; Grate und Joche fegt ein scharfer Wind und verhindert oft die Bildung geschlossener Pflanzengesellschaften. Aber auch im Kleinrelief, selbst in einer wenig bewegten Landschaft, ist dieser Faktor am Werke; sei es eine kleine Mulde, die dem hohen Grundwasserstand des Frühjahrs länger ausgesetzt ist als ihre Um-

---

[1]) Vgl. Plant World 18, Nr. 3. 1915.
[2]) Vgl. Anleitung zur Anstellung und Berechnung meteorologischer Beobachtungen. Veröff. Preuß. Meterolog. Instit. 4. Aufl., 1924. (2 Teile).

gebung; sei es ein niedriger Abbruch, der den Regen viel schneller ablaufen läßt als ein sanfter Hang; oder der Unterschied zwischen Sonnen- und Schattenseite eines Hügels; oder ein Tälchen, in dem Humusboden von der Höhe herab zusammengeschwemmt wird. In allen solchen und ähnlichen Fällen entstehen ganz eigenartige Verhältnisse des örtlichen Klimas und des Bodens, die natürlich auch Besonderheiten in der Vegetation dieser Stellen ermöglichen. Allgemeine Richtlinien lassen sich für die Beachtung solcher Bedingungen kaum aufstellen; sie müssen in jedem Einzelfall erst gefunden und mit den für sie geeigneten Methoden untersucht werden. Die Art ihrer Wirkung ist ja ohnehin meistens mittelbar: Veränderung des Allgemeinklimas oder -bodens, so daß sie nur einen Anhaltspunkt dafür liefern, welche Faktoren gemessen werden müssen; aber die Feststellung der erdgestaltlichen Tatsachen allein ist doch dabei auch nötig, und deshalb sei hier noch auf das „Universal-Sitometer" hingewiesen, auf dessen Bau BROCKMANN und RÜBEL[1]) eingewirkt haben und das die Messung von Gefällen und Höhenwinkeln in mannigfacher Weise mit der Bestimmung der Himmelsrichtungen vereinigt.

3. Boden.

Wir wollen uns jetzt wieder eine bestimmte Einzelassoziation im Gelände selbst vornehmen und suchen, ob etwa den Verhältnissen, die uns unsere Quadrataufnahmen angegeben haben, irgendwelche Eigentümlichkeiten des Bodens entsprechen. Gehen wir zu diesem Zweck in ein Gebiet, wo ein kiefernreicher Wald oder ein reiner Kiefernbestand an einen echten Laubwald grenzt. Beide Fälle sind ja nicht selten verwirklicht: wir bemerken sie z. B. da, wo eine diluviale Sanderfläche an die Endmoräne stößt (vgl. S. 19) oder wo ein Dünenzug eine Niederung durchschneidet.

Die Aufnahme zeigt uns zwei weit verschiedene Assoziationen, die ohne breite Übergangszone aneinander stoßen. Schon die Geländeform legt es nahe, einen Zusammenhang zwischen dieser scharfen Scheidung und den Bodenverhältnissen zu suchen. Denn das örtliche Klima scheidet aus, wenn man sieht, daß einmal die Fläche am Fuß der Höhen (die Sander), das andere Mal gerade die Höhen selbst (die Dünen) den von der artenreicheren, also anspruchsvolleren Gesellschaft bevorzugten Standort bilden. Die ärmlichere Assoziation nimmt aber beidemal den ausgewaschenen oder ausgeblasenen Boden ein.

Was für Unterschiede können wir nun in den Böden nachweisen? Nehmen wir einmal den Stockbohrer zur Hand! Das ist ein 1 m langer, $^1/_2$ Zoll dicker Stahlstab mit Drehgriff, der unten eine 30 cm lange Nute zur Aufnahme der Bodenprobe trägt. Mit einem Holzhammer treiben wir ihn erst 30, dann 60, zuletzt 90 cm tief in den Boden hinein. Wenn nötig, müssen wir danach noch einen 2 m langen Bohrer verwenden. Nach den ersten 30 cm ziehen wir ihn heraus,

---

[1]) Vgl. RÜBEL: Geobotanische Untersuchungsmethoden S. 139 ff. (Berlin 1922).

kratzen den Schmutz von der Nute ab und sehen nun vor uns ein Streifchen Querschnitt der oberen Bodenschichten. Der Laubwaldboden zeigt uns da 1 dm humosen Sand, dann 2 dm schwach lehmigen Sand. Wir leeren die Nute und erhalten bei den folgenden Bohrungen immer wieder schwach lehmigen Sand. Ein Übergießen mit einigen Tropfen verdünnter Salzsäure, die wir in einem gut verschlossenen Fläschchen bei uns tragen, erzeugt ein Aufbrausen; mithin ist der Boden auch kalkhaltig. Der Nadelwald dagegen steht auf hellem, von Eisensalzen gelbbraun gestreiftem Sandboden ohne Lehmbeimischung und ohne nennenswerten Humusgehalt, auch ohne Reaktion auf Salzsäure, mit einer ganz schwachen Decke aus verrotteten Nadeln und unter Umständen Trockentorf der Zwergsträucher (*Vaccinium myrtillus, Calluna vulgaris*) darüber. Die Profile lauten in der üblichen Schreibweise[1]):

$$\frac{HS1}{LKS} \quad \text{und} \quad \frac{H\,0 - {}^1/_2}{eS} \,;$$

d. h.: 1 dm humoser Sand über schwach lehmigem, kalkhaltigem Sand bis 2 m Tiefe, und: $0 - {}^1/_2$ dm Humus über eisenschüssigem Sand bis 2 m Tiefe.

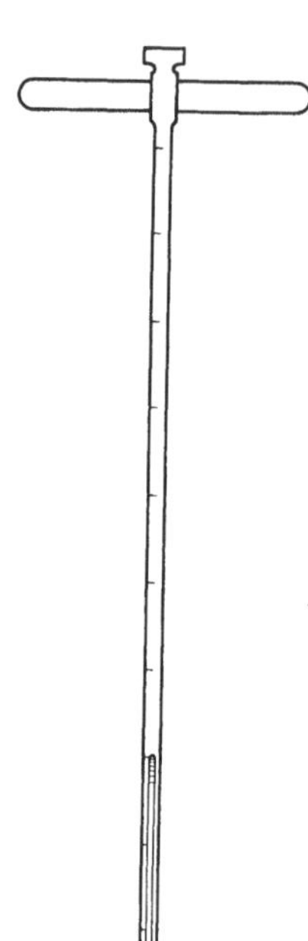

Abb. 22. Einfacher Stockbohrer.

Diese Verhältnisse haben Einfluß vor allem auf die Wasserführung. Wir nehmen von jedem Boden eine Probe (1 kg) in gut verschlossenen, sauberen Glasgefäßen mit nach Hause und lassen sie lufttrocken werden. Mit Hilfe von Rundlochsieben verschiedener Lochweite kann man dann den Anteil der einzelnen Korngrößen an der Zusammensetzung der Proben feststellen; die „feinsten Teile" (Ton usw.) jedoch erst durch ein Schlemmverfahren, das man wohl nicht ohne ein Laboratorium wird durchführen können. Wichtiger für uns ist ja auch das tatsächliche Verhalten der Böden gegen Wasser. Wir füllen z. B. einen Glaszylinder, der unten durch ein Glassieb und ein Blatt Fließpapier abgeschlossen ist, mit 100 ccm lufttrockenem Boden, wiegen ihn, stellen ihn mit dem unteren Ende in eine Schale mit destilliertem Wasser, die wir mit einer Glocke überdecken, und wiegen nach 24 Stunden wieder, nachdem sich die Probe mit Wasser vollgesogen hat. So können wir die Saugkraft der Proben gegenüber dem Grundwasser vergleichen. Sie ist bei dem Laubwaldboden größer.

Um die Durchlaufsgeschwindigkeit des Regens festzustellen, die ja für die Erfassung der Niederschläge durch die Wurzeln wichtig ist, füllen wir unten verengte Glasröhren mit einem Stopfen Glaswolle und darüber mit der Bodenprobe, lassen öfters destilliertes Wasser hindurch-

---

[1]) Vgl. für das Folgende: WAHNSCHAFFE-SCHUCHT: Anleitung zur wissenschaftlichen Bodenuntersuchung. 3. Aufl. Berlin 1914.

fließen und bestimmen nach einigen Tagen die Menge, die in einer bestimmten Zeit durchfließt. Das ist bei dem lehmhaltigen, also feinerkörnigen Laubwaldboden weniger als bei dem Kiefernsand; jener bleibt also nach Regen länger feucht.

Beide Hilfsmittel haben aber den Nachteil, daß sie den wirklichen Aufbau des Bodens verändern. In vieler Hinsicht besser ist eine Methode von GÖRZ[1]), die die natürliche Lagerung der Böden berücksichtigt und am Standort selbst den tatsächlichen, augenblicklichen Wassergehalt mißt. Eine konzentrische Elektrode wird in den Grund gesteckt und nach einem besonderen Verfahren mit Gleich- und Wechselstrom der Widerstand gemessen, den ein künstlich erzeugter elektrischer Strom im Bodenwasser erleidet. Daraus ergibt sich unter Berücksichtigung der Bodentemperatur nach empirischen Regeln der Wassergehalt des Bodens. Die den obigen entsprechenden Ergebnisse über die Regendurchlässigkeit würde man hiermit z. B. durch wiederholte Messungen der beiden Böden in verschieden langem Zeitabstand nach einem Regenfall erhalten.

Unsere beiden Bodenproben sind aber sicher nicht nur physikalisch, sondern auch chemisch verschieden. Eine rohe Prüfung hierauf haben wir ja schon bei der Entnahme angestellt. Das Übergießen mit Salzsäure (10 vH.) machte aus dem lehmigen Sand Kohlendioxyd frei. In den meisten Fällen läßt dies auf Kalk schließen; denn die Mehrzahl unserer Böden enthält den größten Teil ihrer kohlensauren Salze in Form von Kalziumverbindungen. Jedenfalls stehen dann immer Nährstoffe ausreichend oder sogar reichlich zur Verfügung. In unserem Falle ist es ja auch sehr erklärlich, daß der kapillar leistungsfähigere Boden mit Grundwasser bis in größere Höhe durchtränkt wird und diesem damit besser Gelegenheit gibt, Kalk abzulagern[2]).

Auch der Humusgehalt ist von Wichtigkeit für die Pflanzenernährung. Er kann aber nur — ebenso wie die anderen Nährstoffbestimmungen — im Laboratorium ermittelt werden.

Eine Eigenschaft unserer Böden aber können wir gleich noch im Gelände ermitteln, ihren Säuregrad (Azidität). Das ist ein Faktor, der unmittelbar die Mikroorganismen des Bodens und mittelbar (wahrscheinlich außerdem unmittelbar) die höheren Pflanzen wesentlich beeinflußt. Da die Azidität auch von dem Gehalt an kohlensaurem Kalk abhängt, ist es ferner möglich, aus ihrer Bestimmung Rückschlüsse auf die „Kalkung" zu ziehen. — Zwar ist die Aziditätsbestimmung wohl oft zu hoch bewertet worden, aber tatsächlich faßt sie wohl ganz praktisch Wirkungen mehrerer Einzelfaktoren zusammen, ähnlich wie die Verdunstungsmessung mehrere klimatische.

Man drückt den „aktuellen" Säuregrad (p_H) — zu unterscheiden von der Säuremenge — nach dem Vorschlag von SÖRENSEN aus durch den negativen Logarithmus der Wasserstoffionenkonzentration. Diese

---

[1]) GÖRZ: Über die Messung der Bodenfeuchtigkeit im Felde auf elektrischem Wege. — Diss. Landw. Hochsch. Berlin 1923.

[2]) Einen sehr einfachen, geschickten Apparat, der die Menge der freiwerdenden Kohlensäure mißt, beschreibt RÜBEL a. a. O. S. 119.

gibt an, wieviel Gramm Wasserstoffionen in 1 Liter enthalten sind. Es bedeutet also $p_H = 2$: 0,01 g H-Ionen in 1 l, $p_H = 3$: 0,001 g H-Ionen in 1 l, usw. Bei $p_H = 7$ liegt neutrale Reaktion vor. Denn in dem Produkt $[H^\cdot] \cdot [OH']$, das stets den Wert 10^{-14} besitzt, müssen dann beide Faktoren dieselbe Größe haben; also $[H^\cdot] = 10^{-7}$ und $[OH^-] = 10^{-7}$ oder $p_H = 7$, $p_{OH} = 7$. Saure Reaktion bedeuten alle Werte unter 7, alkalische alle über 7. Denn ist z. B. $p_H = 9$, so muß $p_{OH} = 5$ sein; d. h. 1 l enthält 10^{-5} g oder 0,00001 g Hydroxylionen und nur 10^{-9} g oder 0,000000001 g Wasserstoffionen. Die Lösung reagiert also alkalisch.

Eine Meßmethode hierfür, die im Gelände benutzt werden kann, ist die Farbmethode nach WHERRY[1]). Verschiedene Reagentien werden

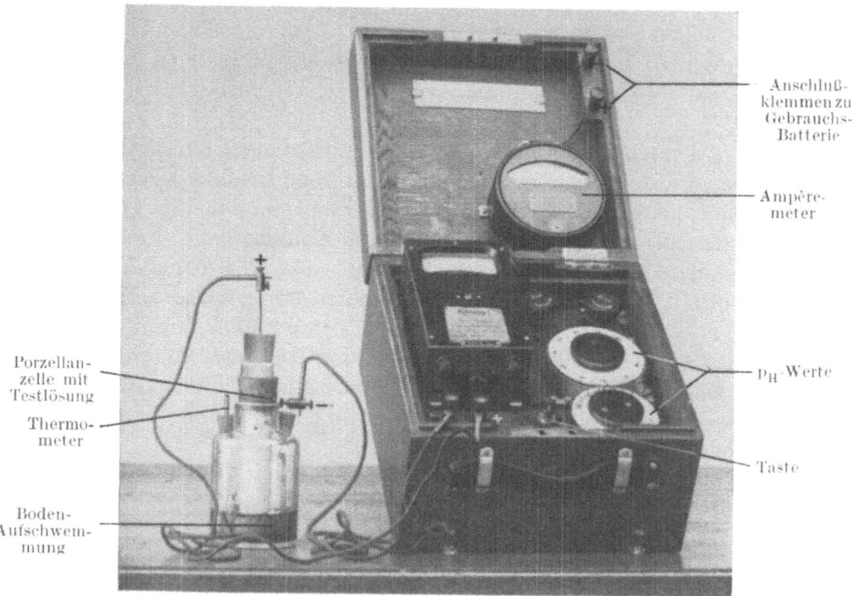

Abb. 23. Apparat von TRÉNEL zur Bestimmung der Azidität.
(Aus den Mitt. a. d. Laborat. d. Preuß. Geolog. Landesanst. 1925.)

mit Bodenextrakt gemischt, und aus ihrem Farbumschlag wird auf die Grenzen geschlossen, zwischen denen die Azidität der Lösung liegt. Ein ernster Nachteil dieser Methode ist der, daß der Bodenextrakt filtriert werden muß; hierdurch kann er seine Reaktion ändern. Außerdem sind die Farbstoffe lichtempfindlich.

Deshalb geht eine neue Erfindung von TRÉNEL[2]) darauf aus, im

[1]) WHERRY: Soil acidity, its nature, measurement, and relation to plant distribution. Shmithsonian Inst. Report for 1920 (Washington 1922) 247. Geräte dazu bei der Firma E. MERCK in Darmstadt.

[2]) Zusammenfassende Darstellung in den Mitt. a. d. Laborat. d. Preuß. Geol. Landesanstalt 1925. — Ferner: Internat. Mitt. f. Bodenk. 14, 27. 1925. — Zeitschr. f. Elektrochem. 30, 545. 1924.

unveränderten Boden selbst den Spannungsunterschied zu messen, den ein mit verdünnter Salzsäure von bekannter Konzentration gefüllter Porzellanzylinder mit porösem Boden gegenüber der Erdbodenlösung besitzt. Der Spannungsunterschied ist nach NERNST ein Maß für die Azidität einer von zwei Lösungen, wenn die der anderen bekannt ist. Anstatt der früher üblichen, sogenannten Wasserstoffelektrode verwendet TRÉNEL Chinhydronelektroden nach HABER-BÜLMANN, d. h. die Lösung im Innern des Porzellanzylinders und der Bodenbrei werden mit Chinhydron gesättigt. Aus dem Spannungsunterschied ergibt sich unmittelbar der Säuregrad, der am Apparat sofort abgelesen wird.

Eine vereinfachte Messung zur Erkennung und zum Vergleich des Gehalts an wasserlöslichen Nährstoffen gleichartiger Böden ermöglicht der oben erwähnte Apparat von GÖRZ, nach dem Gleichstrom-Wechselstrom-Verfahren. Er soll insofern der chemischen Analyse überlegensein, als er nur die den Pflanzen wirklich im Augenblick verfügbaren Anteile berücksichtigt — allerdings vorläufig nur in ihrer Gesamtheit und als relative Größe für Vergleichszwecke[1].

Kehren wir zu unseren beiden Waldböden zurück, der Düne und der Niederung, und sehen wir sie uns einmal im Frühling an, wenn das Grundwasser am höchsten steht und also die Unterschiede, die wir aus der Wasserkapazität gefolgert hatten, am stärksten sind. Da liegt in der Niederung noch alles in Winterstarre, während auf dem sandigen Kiefernhang schon einige noch kleine Gestalten von *Luzula campestris* ihre Blüten entfaltet haben! Der Sonne sind doch beide gleich zugänglich, zu einer Zeit, wo der Laubwald der Niederung seine Blätter noch nicht entfaltet hat. Stecken wir einmal unser Schleuderthermometer in die Oberfläche! Da zeigt es sich, daß diese auf der Düne viel wärmer ist als im Grund. Das winterlich kalte Grundwasser kann eben die Wirkung der schon kräftigen Sonnenstrahlung, die uns das Schwarzkugelthermometer verrät (vgl. S. 40), in der Düne nicht vermindern.

Wollen wir bis in größere Tiefe die Bodentemperatur verfolgen, so müssen wir darauf bedacht sein, ein nicht zu weites Loch herzustellen, damit kein unnatürlicher Wärmeaustausch stattfindet. Für unser Schleuderthermometer paßt gerade das Bohrloch, das unser Stockbohrer erzeugt. Wir lassen es an einem Faden hinab, warten eine Weile und ziehen es dann rasch zur Ablesung heraus. Dabei können aber Wurzeln, die dem Bohrer ausweichen, dem Thermometer sehr gefährlich werden und es festhalten. Deshalb tut man gut, bei solchen behelfsmäßigen Messungen einen kleinen Spaten mitzunehmen. Für geringe Tiefen gibt es auch Thermometer, die in einer zugespitzten Metallhülse in den Boden gesteckt werden können und damit vor Beschädigungen durch das Wurzelwerk bewahrt bleiben. Die Bodenthermometer für größere Tiefen, die im meteorologischen Dienst benutzt werden, sind im Gelände nicht verwendbar.

---

[1] Vgl. GANSSEN und GÖRZ in Mitt. aus dem Laborat. d. Preuß. Geol. Landesanst. 1925, H. 5. — Internat. Mitt. f. Bodenkunde 1924.

4. Die lebendige Umwelt.

Haben wir diese Faktoren des Klimas, der Geländeform und des Bodens an unseren Objekten studiert und haben wir erkannt, welchem oder welcher Verbindung von ihnen im Einzelfall die Entscheidung über das Fortkommen oder Fehlen einer Assoziation zufällt, so können wir schon recht bedeutsame Aussagen über die Lebensweise unserer Pflanzengesellschaften machen. Es bleiben aber noch wichtige Eigenschaften dieser selbst zu beachten, die uns schon hier und da bei den klimatischen Messungen entgegengetreten waren und die aus dem Verhalten der Pflanzen hervorgehen. Wir maßen z. B. die Herab-

Abb. 24. Birkenwald in der Bredower Forst bei Berlin. Anblick des Unterwuchses Ende April: *Anemone nemorosa* in Blüte. (Aufn. EFFENBERGER.)

setzung, die der Lichtgenuß einer Waldbodenpflanze im Frühsommer durch die Belaubung der Bäume erfährt. Eine solche Beeinflussung durch die oberirdischen Organe ist allenthalben zu beobachten, und es ist nicht immer leicht festzustellen, in welcher Weise sich die benachteiligte Pflanze damit abfindet. In dem eben berührten Beispiel vermögen einige Arten, z. B. *Oxalis acetosella, Moehringia trinervia* usw. durch Anpassung ihres Blattbaues — zartes Laub mit niedrigen Palisadenzellen — einen Ausgleich zu schaffen; andere, wie unsere *Corydalis*-Arten, fügen sich zeitlich der bestehenden Form ein; sie schließen ihre ganze Wuchsperiode so früh ab, daß sie von der späteren Baumbeschattung nichts mehr zu befürchten haben. Sie speichern das, was sie während ihres Frühlingslebens erarbeitet haben, in unterirdischen Organen auf, die es ihnen ermöglichen, ganz früh im nächsten Jahre wieder auf dem Plan zu erscheinen.

Die Art und Weise, in der die gegenseitige Beeinflussung der Pflanzen sich auswirkt, ist gewöhnlich eine Veränderung der ursprünglichen Standortsfaktoren des Klimas und Bodens. Das Waldesdach schafft, wie wir leicht messen können, im großen Maßstabe ein Eigenklima, das von dem der baumfreien Formationen oft erheblich abweicht. Es dämpft das Licht; es erschwert schnelle Abkühlung und Erwärmung; es fängt einen großen Teil des Regens ab; es bricht die Gewalt des Windes. Entsprechend verändert in kleinerem Maße jede Pflanze das Allgemeinklima ihres Bereichs. Von mehreren ist diejenige am besten zur Er-

Abb. 25. Ein Fleck derselben Assoziation im Sommer (7. VII. 1923). Das Gras (*Brachypodium silvaticum*) hat sich stark nach den Seiten ausgedehnt und wirft erheblich Schatten, ebenso die herangewachsenen Grundblätter von *Pulmonaria officinalis*. Dazwischen drehen die Kriechsprosse von *Lamium galeobdolon* ihre neuen Blätter in allen möglichen Lagen, die einen günstigen Lichtgenuß bieten. Die niedrigen, starren Blätter von *Anemone hepatica* müssen rettungslos im Schatten aushalten, wenn sie im Schatten stehen. (Aufn. Fr. Markgraf.)

haltung und zum Mitleben in einer Pflanzengesellschaft befähigt, die am kräftigsten einen ihrer Anpassungsfähigkeit zusagenden Standort durch ihre eigene Tätigkeit erhalten kann, mag sie ihn nun in geeigneter Form vorgefunden haben oder in der angedeuteten Weise aus einem erträglichen in einen für sie guten umgewandelt haben, auf dem sie zum Wettbewerb fähig ist. Die schwächeren können nur dann derselben Assoziation angehören, wenn sie ihren Bau und ihre Lebensweise so einrichten können, daß sie in eben jenem Kleinklima alle Lebensbedürfnisse finden.

Im Bereich des Bodens kann der Wettbewerb viel schärfere Formen
annehmen. Erblickten wir doch bei unseren ökologischen Messungen

Abb. 26. Derselbe Fleck wie in Abb. 27 am 23. IX. 1923. *Brachypodium silvaticum* herrschend.
Dazwischen Blätter von *Lamium galeobdolon*, *Anemone hepatica*, *Pulmonaria officinalis*.
(Aufn. FR. MARKGRAF.)

Abb. 27. Winterzustand derselben Stelle. Nur tote Grasblätter, überwinternde Blätter von
Anemone hepatica und Wintertriebe von *Lamium galeobdolon*. 21. XI. 1923. (Aufn. FR. MARKGRAF.)

einen Unterschied der Pflanzenvereine auf trockenen Standorten gegenüber denen auf feuchten nicht nur in dem Auftreten anderer Arten

von Gewächsen und in ihrer verschieden üppigen Wuchsform, sondern auch in dem verschieden dichten Stand der Individuen. Auf dem trockneren Boden ist die Assoziation erheblich lichter („offen“, s. Abb. 28); die Mehrzahl der Pflanzen berührt sich bei weitem noch nicht mit ihren oberirdischen Teilen. Aber doch wird der Raum zwischen diesen nicht von anderen eingenommen. Die Wurzeln der Nachbarn stehen bereits miteinander im Wettbewerb; ihre Einzugsgebiete grenzen schon aneinander.

Wir nehmen uns einmal ein Stück Waldboden vor und stechen $^1/_2$ m tief die Erde aus. An den Rändern des Loches sehen wir dann das Wurzelwerk in seiner natürlichen Verflechtung. Einen großen Raum beanspruchen die Büschelwurzeln des Grases *Brachypodium silvaticum*,

Abb. 28. „Offene“ Assoziation auf trocknem Sandboden. Die Grasbüschel (*Weingaertneria canescens*) bilden keine geschlossene Decke, sondern sind durch Zwischenräume von kahlem Boden getrennt. — Machnower Weinberg südlich Berlin. Herbst 1924. (Aufn. K. HUECK.)

sowohl in der Breite wie in der Tiefe; ein dichtes Geflecht feiner Fasern stellen sie dar. Zwischen sie mischen sich die von einem derben Wulst ausgehenden dickeren, aber kürzeren der *Anemone hepatica*. Das sind sicher Konkurrenten. Ganz nahe der Oberfläche strecken sich die Wurzelstöcke von *Anemone nemorosa* aus und senken ihre Wurzeln in dieselbe Schicht hinab, in der die eben wahrgenommenen Büschel stecken. Für ihren Wettbewerb fällt aber *Brachypodium* fast aus, da sie schon die Winterknospen fertig angelegt haben, wenn dieses Gras erst seiner stärksten oberirdischen Entfaltung zustrebt. In sehr große Tiefe dringt *Lathyrus vernus* mit kaum verzweigten Strängen von einem kurzen, aufrechten Wurzelstock aus vor. Es erscheint deshalb auch öfters ohne Spuren einer Benachteiligung mitten in dichten Gras- oder *Pulmonaria*-Büschen. Die Wurzeln dieser Pflanze durchdringen denselben Bereich wie die von *Brachypodium*; kräftige Ausläufer sichern ihr aber schnell einen erheblichen Umkreis, in den jenes Gras, das keine Ausläufer besitzt, nicht eindringt. Gleichsam unbeteiligt „drücken" sich *Lamium galeobdolon* und *Stellaria holostea* über der Oberfläche im alten Laub herum, nur mit kurzen Würzelchen befestigt. Baum- und Strauchwurzeln, gröbere und feinere, durchziehen alle Tiefenschichten.

Noch etwas anderes stellen wir hierbei fest: die oberste Schicht, die aus eben gebildetem Humus und verwesenden Stoffen besteht,

Abb. 29. Wurzelabstich in einem Laubwald (Bredower Forst bei Berlin, 3. V. 1925. Nach eigener Skizze). 1 *Lamium galeobdolon*, 2 *Stellaria holostea*, 3 *Brachypodium silvaticum*, 4 *Anemone hepatica*, 5 *A. nemorosa*, 6 *Pulmonaria officinalis*, 7 *Lathyrus vernus*, 8 Wurzeln von Bäumen und Sträuchern.

ist durchflochten von Pilzhyphen. Wir haben hier die unscheinbaren saprophytischen Organismen vor uns, die an der Zersetzung der abgestoßenen Teile der höheren Pflanzen mitwirken — neben Bakterien und anderen, die sich unserer Aufmerksamkeit entziehen —; sie führen sie in eine Form über, in der sie für jene wieder verwertbar werden. Besitzen sie so für die Assoziation eine unmittelbare Wichtigkeit, so sind sie doch auch ihrerseits auf diese angewiesen; nur wo ein derartiges Pflanzengemisch ihnen Nahrung liefert und hinreichende Feuchtigkeit zum Leben sichert, vermögen sie sich zu halten. Wir werden ohne verwickelte Kulturversuche nicht zu einer wesentlichen Aussage über ihre Bedeutung gelangen[1]); vielleicht gelingt es uns aber, wenn im Herbst die Fruchtkörper hervorbrechen, an einzelnen Arten eine gewisse Abhängigkeit von bestimmten Assoziationen zu erkennen und sie so dem Bild der Pflanzengesellschaften nicht als äußere Zugabe, sondern als echten Bestandteil einzugliedern.

Von viel geringerem Einfluß sind in der Regel die parasitischen Pflanzen. Wenn sie massenhaft auftreten, können sie allerdings den Bestand sehr verändern. Aber gerade Arten, die zu epidemischer Ausbreitung geeignet sind, sind meist an eine recht enge Zahl von Wirten — gewöhnlich nur einen — angepaßt, setzen also, wenn ihr Wirken die Assoziation kräftig beeinflussen soll, einen Reinbestand der Wirtspflanze voraus, womöglich in bestimmtem Alter. Das kommt wohl in Halbkulturformationen vor, wird in freier Natur aber sehr selten sein und dann wohl mit der Vernichtung des betreffenden Gesellschaftsindividuums einhergehen. —

Bevor wir uns mit den ökologischen Faktoren befaßten, hatten wir unsere Aufmerksamkeit darauf gerichtet, wie ein Wald erobernd in eine Wiese vordringt[2]). In allen solchen Fällen von Sukzession ist die Frage, welche Mittel zur Verdrängung den einzelnen Arten zur Verfügung stehen, von großer Wichtigkeit. Stellen wir unsere damalige Aufnahme einer solchen werdenden Waldinsel mit Angabe der Deckungsgrade hier zusammen:

Strauchschicht:	Betula verrucosa ⎫ B. pubescens ⎭	 4
	Salix cinerea	3
	Cornus sanguinea	3
	Viburnum opulus	2
	Rhamnus cathartica . . .	1
Hochstaudenschicht:	Rubus caesius var. aquaticus	4
	Epipactis latifolia	3
	Deschampsia caespitosa . .	2
	Geum rivale	2
	Ribes nigrum	1
	Pirus aucuparia, jung . .	1
	Magnocarex	1
	Molinia coerulea	1
	Festuca ovina	1
	Holcus mollis	1
	Urtica dioica	1
	Ulmaria pentapetala . . .	1
	Lythrum salicaria	1
	Symphytum officinale . .	1
	Calamintha clinopodium . .	1
	Cirsium palustre	1
	Hypnum cupressiforme . .	2

---

[1]) Vgl. Melin in Svensk Bot. Tidskr. 16, 189. 1922.
[2]) S. 31.

Wenn wir diese Liste unter dem Gesichtspunkt der gegenseitigen Beeinflussung der Pflanzen noch einmal durchgehen, bemerken wir, daß der Anfang zur Bewaldung von niedrigen Weiden ausgeht, sehr dicht verzweigten, blattreichen Sträuchern, deren Beschattung die allermeisten Wiesenpflanzen ausschließt. Wir messen als Lichtstärke nur $1/60$ des Freilichts! In den kahlen Humus, der aus der Vermischung der toten Wiesengewächse und der abgefallenen Weidenblätter entstanden ist, gelangen aus dem nahen Wald durch Wind und Tiere einige Samen hinein und keimen. Einzelne Arten darunter sind imstande, neben den spärlichen Resten der Wiesenvegetation das Dunkel

Abb. 30. Sukzession von der Wiese zum feuchten Birkenwald am Westrand der Bredower Forst bei Berlin. In der Wiese breiten sich Gebüschgruppen aus, deren Rand ein Kranz mannshoher *Salix cinerea*-Sträucher bildet; das Innere wird in dem hier wiedergegebenen Zustand schon von 3—4 m hohen Birken besetzt gehalten. (Aufn. K. HUECK.)

zu ertragen, zumal es sich durch das Verkahlen der unteren Teile der Weidenzweige allmählich wieder lichtet, und so können wir bald *Ribes nigrum, Rubus caesius* u. a. darin vermerken und messen etwa $1/20$ rel. Lichtgenuß. Zartere Arten wie etwa *Oxalis acetosella* fehlen noch; denn verschiedene Faktoren sind für sie noch zu extrem. Die Übernässung des Bodens vom Herbst bis zum Frühjahr wechselt mit einer Sommerdürre, die den Humus in Staub verwandelt, weil die Weiden kaum Regen durchlassen. Später keimen dann auch einige Birken darin, die durch ihr schnelles Längenwachstum befähigt sind, dem schädlichen Dunkel des Gebüsches rasch, womöglich schon im ersten Jahre, zu entfliehen. Sie breiten über den Weiden eine immer zunehmende Krone aus und nötigen dadurch diese lichtbedürftigen Standortsgenossen, ihre beschatteten Äste absterben zu lassen; statt deren dringen neue an der Peripherie des Buschwerks nach außen vor und erobern neue Teile der Wiese.

In ähnlicher Weise treten bei jeder Sukzession Erscheinungen, die mit der gegenseitigen Beeinflussung der Pflanzen zusammenhängen, besonders deutlich hervor. Vorhanden sind sie aber stets, auch in den ruhenden Assoziationen, und überall muß man auf sie achten; da sie in den verschiedensten Formen vorkommen können, muß man für jeden Einzelfall eine eigene Methode anwenden, die herausbringt, welcher der primären Standortsfaktoren durch die betreffende Wuchsform geändert wird.

Manchmal läßt sich da durch Kulturversuche einiges erreichen. Man kann z. B. die Blätter von Pflanzen, die man als Lichtkonkurrenten im Verdacht hat, beiseite binden und sehen, ob die bisher beschatteten Individuen sich nun anders entwickeln. Man kann, wenn an Zuflucht unter dem vor Vertrocknen schützenden Schirm einer größeren Staude zu denken ist, diese ganz beseitigen; dabei würde dann der untersuchte Schützling noch besser gestellt sein, da die Wurzelsaugung des Beschützers wegfällt; aber der leere Fleck muß dann irgendwie bedeckt werden, damit er nicht örtlich eine erhöhte Bodenverdunstung erzeugt. Zeigt die so künstlich freigestellte Pflanze nach diesen Maßregeln unüberwindliche Welkerscheinungen, dann ist die obige Vermutung gerechtfertigt. Ähnliche Bedürfnisse gibt es viele; die Methode muß im Einzelfall erfunden werden.

Zweifelhafter werden die Ergebnisse, wenn man genötigt ist, irgendwie Umpflanzungen vorzunehmen. Denn hierbei ändert man viele Faktoren auf einmal — übrigens auch bei den meisten einfacheren Versuchen, wie z. B. oben bei der Lichtstellung die Luftfeuchtigkeit, Temperaturschwankung und Luftbewegung —, und dann fällt es schwer, für eine Formänderung nun einen einzelnen Faktor beweiskräftig heranzuziehen. Man bedarf solcher Pflanzversuche z. B., um eine Pflanze, von der man vermutet, daß sie an einen bestimmten Bodenbestandteil hauptsächlich gebunden ist, ohne diesen zu ziehen (etwa eine Humuspflanze im reinen Sand) oder um die Wurzelkonkurrenz auszuschalten — dazu muß man die Versuchspflanze in Kästen versenken — usw. Über die Anordnung des Versuchs entscheidet auch hier jeweils der besondere Zweck.

Gerade wenn wir uns, wie in den vorangehenden Ausführungen, etwas mehr um die Wurzelregion der Assoziationen kümmern, fällt uns auf, wie lebhaft die Kleintierwelt in und auf dem Boden arbeitet. Ameisen trippeln überall über das tote Laub und schleppen Samen und Abfallstoffe der Pflanzen mit sich; allerlei Insekten und Larven wühlen sich durch den Humus und den humosen Mineralboden; in feuchtem Substrat ziehen Regenwürmer ihre Gänge usw.

Auch diese Tiere sind abhängig von bestimmten Vegetationseinheiten, zum Teil sogar von Assoziationen. Es ist daher eine reizvolle

Aufgabe für einen Biologen, der beide Organismenreiche beherrscht, auch diese mitzuberücksichtigen, und Versuche zur gemeinsamen Behandlung solcher „Biozönosen" liegen vor[1]). Das Wesentliche ist natürlich dabei nicht die Artenliste, sondern die ökologische Abhängigkeit der Tiere von der Vegetationseinheit, die in einigem Grade auch bei großen, stark beweglichen Tieren vorhanden ist, und ihr Einfluß auf die Ökologie der Pflanzengesellschaften. Dieser ist bei den Kleintieren, die ja oft in Massen auftreten, recht bedeutend, und deshalb sollten sie nie außer acht gelassen werden. Die Art ihrer Berücksichtigung ist von Fall zu Fall zu entscheiden und ergibt sich aus den Beobachtungen über ihre Wirkungsweise.

---

[1]) Vgl. die Vorschläge von GAMS a. a. O. S. 437.

Schlußbeispiel.

Wir haben uns die Standortsfaktoren einzeln veranschaulicht, weil
ihre Zahl groß ist und ihre Beziehungen zu den Pflanzengesellschaften
sich mannigfaltig verknüpfen. Wir wollen jetzt noch einige von ihnen
an einem besonderen Beispiel so kennen lernen, wie sie sich im Zusammenhang mit der Vegetation ergeben, und wollen zu diesem Zweck
eine bestimmte Aufnahme vollständig durchführen.

Wir rüsten uns aus mit dem kleinen Stockbohrer, 2 Photometern,
dem Schleuderthermometer, 1 oder 2 Verdunstungsmessern und dem
einfachen Bindfadenquadrat. Umgehängt tragen wir Bleistift und Lupe,
vergessen auch nicht das in Quadrate eingeteilte Notizpapier, die Be-
stimmungsflora und die Presse für zweifelhafte oder wichtige Belegstücke.
Auch ein kleiner Spaten ist von Nutzen und kann, wenn Zeit genug
zur Verfügung steht, wenigstens für geringe Tiefen den Bohrer ersetzen.

Wir suchen wieder die Stelle auf, wo wir Kiefern- und Buchenwald
in unmittelbarer Nachbarschaft gefunden hatten (vgl. S. 43). Die örtliche Ausdehnung zweier Assoziationsindividuen der beiden Waldarten
ist bald ermittelt. Einige Bohrungen in gleichmäßiger Verteilung be-
lehren uns über das durchschnittliche Bodenprofil:

Kiefernwald	Buchenwald
$SH\,^1/_2$	$HL\,^1/_2\,\text{bis}\,1$
$\overline{HS\,^1/_2}$	$\overline{SL9}$
$S9$	

Dann gehen wir daran, unsere Quadrate auszulegen. Als Größe
wählen wir 1 qm, da wir bei früheren Feststellungen in ähnlichen
Assoziationen diese als ausreichend im Vergleich zum Minimiareal erkannt
haben. Dabei bemerken wir alsbald, daß der Deckungsgrad bei mehreren
Arten, und zwar auch bei solchen, die Konstanten erster Ordnung zu werden
scheinen, sehr wechselt. Bei genauerem Zusehen stellt sich heraus, daß
wir es mit zwei verschiedenen Varianten der Assoziation zu tun haben,
die sich auch ökologisch etwas verschieden verhalten: die eine, in der
Aira flexuosa sehr dicht schließt, bevorzugt bei kleinen Unebenheiten
des Bodens die Nordhänge, die andere, mit weniger Grasbestand, dich-
terem Flechtenwuchs und viel kahlem Boden, ist an Südhängen stärker
vertreten.

Da muß doch ein Standortsunterschied vorliegen. Ein Abstich liefert
uns ein Bild der Wurzelverteilung. Weitkriechende Flachwurzeln kennzeichnen die grasarme Variante als bodentrocken. Das bestätigt der
Augenschein, und wenn wir einen Messer des Bodenwassers besitzen,
können wir es gleich zahlenmäßig festlegen. Erklärlich ist dies ja bei
dem Vorkommen kahler Flecke, die in der Grasvariante von Moosen
überkleidet werden, und dazu paßt auch die Angabe des Thermometers,

das wir in die Oberkrume stecken: in der Grasvariante ist das Substrat kälter als die Luft, in der grasarmen wärmer. Natürlich dürfen wir nicht vergessen, daß diese Messung bei Sonnenschein gemacht wird; wir müßten sie also bei trübem Wetter wiederholen — was bei Aufnahme eines anderen jahreszeitlichen Aspekts der Assoziation geschehen kann — und würden dann vermutlich das Ergebnis dahin verallgemeinern müssen, daß die Schwankungen der Bodentemperatur in der Grasvariante geringer sind als in der anderen. Um das Bild zu vervollständigen, bauen wir unsere Verdunstungsmesser an den beiden Standorten auf und setzen währenddessen die Quadrataufnahmen fort.

Dabei halten wir nun von vornherein die beiden Varianten getrennt und schreiben sie auf verschiedene Seiten.

Wir erhalten dann folgendes Bild (ausgewertet):

(Kiefernwald am Sandkrug bei Chorin i. d. Mark, 14. V. 1923.)

Grasarme Variante.

	D.	K.
Pinus silvestris	4	5
Juniperus communis .	2	5
Junge Kiefern	4	2
Fagus silvatica, klein .	1	1
Betula verrucosa, klein .	1	1
Quercus pedunculata, klein	1	1
H Aira flexuosa	2	4
Ch Calluna vulgaris . . .	2	2
H Luzula campestris . . .	1	1
Ch Genista pilosa	3	1
Th Spergula Morrisonii . .	1	1
H Rumex acetosella . . .	1	+
Dicranum scoparium . .	2	5
Cladonia pyxidata . .	1—2	5
Dicranum undulatum .	2	2
Hypnum Schreberi . .	1	2
Cladonia rangiferina (?) .	1—2	2
Leucobryum glaucum .	1	1
Cladonia tenuis . . .	1	1

Grasvariante.

	D.	K.
Pinus silvestris	4	5
Juniperus communis .	2	5
Junge Kiefern	4	2
Fagus silvatica, klein .	1	1
Betula verrucosa, klein .	1	1
Quercus pedunculata, klein	1	1
H Aira flexuosa	4	5
H Luzula campestris . . .	1	4
Ch Calluna vulgaris . . .	2	3
Ch Genista pilosa	2	1
H Veronica officinalis . .	1	1
H Hieracium pilosella . .	1	1
Hypnum Schreberi . .	3	5
Dicranum scoparium .	1	3
D. undulatum	1	4
Hylocomium splendens .	1	1
Cladonia pyxidata . .	+	1

Eine nicht unerhebliche Schichtung legt die Vermutung nahe, daß der Lichtgenuß unter dem Kieferndach doch recht bedeutend sein muß. Wir nehmen also das Photometer hervor und messen an einer strauchfreien Stelle, ferner zwischen Wacholderbüschen, zwischen den Jungkiefern und unter ihnen am Boden. Diese Lichtverhältnisse ermöglichen ja das vereinzelte Vorkommen junger Buchenpflänzchen, eine Erscheinung, die für die weitere Entwicklung des Waldes keineswegs gleichgültig sein kann.

Nun begeben wir uns einmal in den Buchenwald hinein und nehmen diesen auf:

(Buchenwald auf der Endmoräne am Choriner Sandkrug, 14. V. 1923.)

		Deckungsgrad	Konstanz
Baumschicht:	Fagus silvatica	5	5
Strauchschicht:	Fagus silvatica	2	5
Staudenschicht:	H Oxalis acetosella . . .	1	5
	H Asperula odorata . . .	1	5
	H Viola silvatica	1	5
	G Anemone cf. nemorosa .	1—2	4
	H Brachypodium silvaticum	1—2	4
	G Milium effusum	1	4
	H Lactuca muralis	1	3
	H Carex silvatica	1	3
	Th Lapsana communis . . .	1	2
	H Poa nemoralis	1	2
	H Melica uniflora	2	1
	H Hypericum montanum . .	1	1
	H Veronica officinalis . . .	1	1
	Th Geranium Robertianum .	1	1
	H Scrophularia nodosa . .	1	1
	H Sanicula europaea . . .	2	+
	H Urtica dioica	+	+
	Th Myosotis intermedia . .	1	+
	H Stellaria nemorum . . .	+	+
	H Hieracium murorum . .	1	+
	H Athyrium filix femina . .	1	+
	H Lamium galeobdolon . .	1	+
	Ch-G Anemone hepatica . . .	2	+
	Ch Rubus idaeus	2	+
	Th Moehringia trinervia . .	1	+
	H Veronica chamaedrys . .	2	+
	H Melica nutans	2	+
	G Neottia nidus avis . . .	1	+
	G Cephalanthera sp. . . .	+	+
	Catharinea undulata . .	1	+

Die Lichtverhältnisse sind hier natürlich ganz andere, ungünstigere,
reichen aber aus, um Jungwuchs von Buchengestrüpp zu ermöglichen.
Das rührt von dem zerschluchteten Gelände her, über dem ein lücken-
loser Kronenschluß unmöglich ist. Die Temperatur ist, wie das Schleuderthermometer anzeigt, niedriger als im Kiefernwald. Da wir einen Sonnen-
tag haben, wird sie im ganzen wahrscheinlich als ausgeglichener zu be-
werten sein; man muß ihre Schwankungen durch Messungen an Tagen
mit bedecktem Himmel, ferner bei kaltem, klarem Wetter usw. feststellen. Ein diesen Wahrnehmungen paralleles Ergebnis muß auch die
Messung der Verdunstung liefern: sie muß infolge des schwächeren
Zutritts von Sonnenstrahlung und Wind und infolge der niedrigeren
Wärmewirkung geringer sein als im Kiefernwald. —

Während unserer Quadrataufnahmen ist uns noch eine Eigentüm-
lichkeit aufgefallen: in dem Buchenwald finden sich in großer Zahl
Spuren der Tätigkeit von Regenwürmern, die wir unter den Kiefern
vollkommen vermissen. Das bringt eine bessere Durchmischung des

fetten Lehms mit sich, der zwar an Mineralnahrung reich, aber wenig
wasserdurchlässig ist. Den Ausdruck dieser Tatsache haben wir bereits
in den Bodenprofilen wahrgenommen: Der Buchenwaldboden wies unter
der mehr oder weniger verwesten dünnen Laubschicht noch eine bis
1 dm mächtige Lage von humusdurchsetztem Lehm auf; der Kiefern-
boden dagegen drückt in seinen Schichten aus, daß eine unvermengte
Humusschicht — ein Trockentorf, den die Zwergsträucher bilden —
über dem Sand lagert, in den nur so geringe Mengen organischer
Substanz, ·wohl durch den Regen, hineingesickert sind, daß sie ihn
lediglich ¹/₂ dm tief merklich färben.

Abb. 31. Mischwald am Südabhang der Endmoräne beim Choriner Sandkrug. Man erkennt das
Kleinerwerden der Buchen. (Aufn. Fr. Markgraf.)

Natürlich werden wir uns auch nach den Berührungsverhältnissen
der beiden Assoziationen umtun, und da sehen wir, daß der Laubwald auf dem Abhang der Endmoräne, der gegen den Kiefernwald
abfällt, sehr viele Kiefern enthält. Entsprechend dem Vorherrschen
der Kiefer neigt der Boden zur Bildung einer Decke von Trockentorf.
Bohrungen ergeben:

$$\frac{\text{S H 1}}{\text{H S L 1}}$$

Ȟ S L G 8

Seine Geringerwertigkeit prägt sich gleich auch darin aus, daß
am Kamm, wo die stärkste Auswaschung herrscht, die Buchen zu
winzigen Sträuchlein herabsinken (Abb. 31).

Die Pflanzengesellschaft des Überganges macht im ganzen noch stark einen laubwaldartigen Eindruck: strauchiger Jungwuchs besteht nur aus Laubbäumen; freilich tritt neben der Buche die Eberesche auf, die in großen Teilen des Norddeutschen Tieflandes als durchaus bestandeshold für krautreiche Kiefernwälder zu gelten hat. Im Unterwuchs stehen dagegen die Mitglieder der Kiefernassoziation sowohl an Artenzahl wie an Konstanz ganz erheblich hinter denen der Buchengesellschaft zurück, und nur darin wird der Standort als für Laubwaldbegleiter weniger vorteilhaft kenntlich, daß sie ebenso wenig wie die anderen Arten zu einem nennenswerten allgemeinen Deckungsgrad kommen können; nur fleckweise ist diese oder jene Art einmal etwas mehr ausgebreitet.

Mischwald auf der Endmoräne beim Choriner Sandkrug, 14. 5. 1923 (ausgewertet).

	Deckungsgrad	Konstanz
Pinus silvestris	3	5
Fagus silvatica	2	5
Betula verrucosa	1	4
Junge Buchen	2	4
Junge Ebereschen	1	2
H Oxalis acetosella	1	5
G Anemone nemorosa	1	4
H Viola silvatica	1	4
H Luzula pilosa	1	3
H Carex digitata	1	3
H Aira flexuosa	1	3
Th Moehringia trinervia	1	3
H Lactuca muralis	1	3
H Poa nemoralis (?)	1	2
H Asperula odorata	1	2
H Lathyrus montanus (Kiefernwaldform)	1	1
Ch Quercus pedunculata, klein	1	1
H Hieracium murorum	1	1
H Pteridium aquilinum	1	1
H Veronica chamaedrys	1	1
H Anthoxanthum odoratum	+	+
H Veronica officinalis	1	+
H Aspidium filix mas	+	+
H Euphorbia cyparissias	+	+
Leucobryum glaucum	+	+
E Hypnum cupressiforme	2	4

* * *

Wir können uns in diesen einführenden Übungen nur mit Einzelbeispielen beschäftigen. Ein wichtiger Schritt zur Förderung der Vegetationskunde ist aber der, daß man die einwandfrei dargestellten Assoziationen wieder zu erkennen sucht, wo sie irgend vorkommen. Man wird dabei viel über ihre ökologische Amplitude lernen und wird dadurch immer besser in den Stand gesetzt werden, die verschiedenen Standortsansprüche der einzelnen Pflanzengesellschaften gegeneinander abzugrenzen. Für ein kleineres Gebiet wird sich diese Aufgabe verhältnismäßig leicht durchführen lassen[1]). Andererseits ist die Art der Verbreitung der Assoziationen überhaupt und ihre etwaige Veränderung an den Grenzen ihres Areals auch ein Gegenstand, der die Beachtung sehr verdient.

In diesem Zweig der Botanik ist eben noch viel ganz neu zu entwickeln. Wenn hierzu dieses Büchlein anregt, so dient es seiner Aufgabe recht. — Auf in die Natur, um dem Zusammenwirken ihrer Kräfte und Geschöpfe nachzuspüren!

---

[1]) Vgl. RÜBEL: Geobotan. Untersuchungsmeth. S. 264 und „Curvuletum" Beibl. zu Veröff. Geobotan. Instituts RÜBEL in Zürich 1 (1922).

Schriften,

die bei Beschäftigung mit der modernen Vegetationskunde als Beispiele dienen
können. In den methodischen Arbeiten, die im Vorwort und unter dem Text
genannt worden sind, werden zum Teil eine große Anzahl von solchen an-
geführt. Hier soll nur eine Auswahl geboten werden, die recht verschiedene
Themen enthält. Die rein methodologischen werden hier nicht noch einmal
zusammengestellt.

ALLORGE: Les associations végétales du Vexin Français. Rev. gén. de bot.
33—34. 1921/22.

ARRHENIUS: Ökologische Studien in den Stockholmer Schären. Diss. Stock-
holm 1920.

BEGER: Assoziationsstudien in der Waldstufe des Schanfiggs. Beil. d. Jahresber.
d. naturforsch. Ges. Graubündens. Chur 1922.

BRAUN-BLANQUET: Die Vegetationsverhältnisse der Schneestufe in den Rhätisch-
Lepontinischen Alpen. Neue Denkschr. d. Schweiz. naturforsch. Ges. Zürich
48. 1913.

BROCKMANN-JEROSCH: Die Flora des Puschlav und ihre Pflanzengesellschaften.
Leipzig 1907. — Derselbe: Die natürlichen Wälder der Schweiz. Ber.
Schweiz. Bot. Ges. 19. 1910.

CAJANDER: Beiträge zur Kenntnis der Vegetation der Alluvionen des nördlichen
Eurasiens. Acta Soc. Scient. Fenn. 22—27. 1903/9.

DU RIETZ: Einige Beobachtungen und Betrachtungen über Pflanzengesellschaften
in Niederösterreich und den kleinen Karpaten. Oesterr. bot. Zeitschr. 72.
1923. S. 1.

FIRBAS: Studien über den Standortscharakter auf Sandstein und Basalt. Beih.
Botan. Zentralbl. 2. Abt. 40, 253. 1924.

FREY: Die Vegetationsverhältnisse der Grimselgegend. Mitt. d. naturforsch. Ges.
in Bern. H. 6. 1921.

FRÜH u. SCHRÖTER: Die Moore der Schweiz. Bern 1904.

FURRER: Vegetationsstudien im Bormiesischen. Vierteljahrsschr. d. naturforsch.
Ges. in Zürich 59. 1914.

GAMS: La grande gouille de la Sarvaz et les environs. Bull. de la Murithienne
39, 125. 1914/15.

HUECK: Vegetationsstudien auf brandenburgischen Hochmooren. Beitr. z. Natur-
denkmalpfl. 10 (Berlin 1925) 313.

LÄMMERMAYR: Legföhrenwald und Grünerlengebüsch. Denkschr. d. Akad. d.
Wiss. Wien. 1919.

LÜDI: Die Pflanzengesellschaften des Lauterbrunnentales und ihre Sukzession.
Beitr. z. geobotan. Landesaufnahme (der Schweiz) 9. 1921.

NORDHAGEN: Vegetationsstudien auf der Insel Utsire im westlichen Norwegen.
Bergens Mus. Aarbok 1920/21. S. 1.

OSVALD: Die Vegetation des Hochmoors Komosse. Upsala 1923.

PALMGREN: Studier över löfängsområdena på Åland. Acta Soc. pro Fauna et
Flora Fennica 42. 1913—1917. — Derselbe: Zur Kenntnis des Floren-
charakters des Nadelwaldes. Acta forest. Fenn. 22. 1922.

RÜBEL: Pflanzengeographische Monographie des Berninagebiets. Englers Bot.
Jahrb. 47. 1912.

Scherrer: Vegetationsstudien im Limmattal. Veröff. d. geobotan. Inst. Rübel in Zürich 2. 1925.

Schmid, Emil: Vegetationsstudien in den Urner Reußtälern. Ansbach 1923.

Stocker: Die Transpiration und Wasserökologie nordwestdeutscher Heide- und Moorpflanzen am Standort. Zeitschr. f. Botanik 15, 1. 1923.

Vallin: Ökologische Studien über Wald- und Strandvegetation. Lunds Universitets Årsskr. N. F. Avd. 2, 21, Nr. 7. Lund und Leipzig 1925.

Weaver: The ecological relations of roots. Carnegie Inst. Publ. Nr. 286 (Washington 1919).

Yapp: On stratification in the vegetation of a marsh, and its relations to evaporation and temperature. Ann. of bot. 23, 275. 1909.

BIOLOGISCHE STUDIENBÜCHER

Herausgegeben von

Prof. Dr. WALTHER SCHOENICHEN

Band I: **Praktische Übungen zur Vererbungslehre** für Studierende, Ärzte und Lehrer. In Anlehnung an den Lehrplan des Erbkundlichen Seminars von Prof. Dr. Heinrich Poll. Von Dr. **Günther Just,** Kaiser-Wilhelm-Institut für Biologie in Berlin-Dahlem. Mit 37 Abbildungen im Text. (88 S.) 1923. RM 3.50; gebunden RM 5.—

Inhaltsverzeichnis. **I. Teil. Variationsanalyse.** Übung 1. Kontinuierliche Variation. Mittelwert. — Übung 2. Fortsetzung der vorigen Übung. Streuung. — Übung 3. Fortsetzung und Ergänzung der vorigen Übung. Zufallsapparat. Mittlerer Fehler des Mittelwertes. — Übung 4. Vergleich zweier Variationszahlen mittels *m.* — Übung 5. Kontinuierliche Variation beim Menschen. — Übung 6. Diskontinuierliche Variation. — **II. Teil. Kreuzungsanalyse.** Übung 7. Ausführung eines Mendel-Versuches mit *Drosophila melanogaster.* — Übung 8. Ausführung eines Mendel-Versuchs mit *Urtica.* — Übung 9. Glasperlen-Versuch über die Zufallsteilung der Gene. — Übung 10. Die Prüfung von Mendel-Zahlen. — Übung 11. Analyse von Kreuzungsfällen. Fall 1. — Übung 12. Analyse von Kreuzungsfällen. Fall 2. — Übung 13. Analyse von Kreuzungsfällen. Fall 3 und 4. — **III. Teil. Erbanalyse beim Menschen.** Übung 14. Stammbaum und Ahnentafel. — Übung 15. Stammbaum-Analyse 1. Übung 16. Stammbaum-Analyse 2. — Übung 17. Geschwister-Methode. — Übung 18. Probanden-Methode. Reduktions-Methode. — Quellen- und Literaturnachweis. — Register.

Band II: **Biologie der Blütenpflanzen.** Eine Einführung an der Hand mikroskopischer Übungen von Professor Dr. **Walther Schoenichen.** Mit 306 Originalabbildungen. (216 S.) 1924. RM 6.60; gebunden RM 8.—

Inhaltsübersicht. Zur Einführung. **I. Zur Biologie der Wurzel.** 1. Die Wurzel als Speicherorgan. — 2. Der Bau der Zugwurzeln. — 3. Haftwurzeln. — 4. Wurzelknollen. — 5. Luftwurzeln. — 6. Saugwurzeln von Schmarotzern. — 7. Wurzeln mit Pilz- oder Bakteriensymbiose. — **II. Zur Biologie der Achse.** 1. Biegungsfeste Stengel und Halme einiger Einkeimblättrigen. — 2. Biegungsfest gebaute Achsenorgane von Zweikeimblättrigen. — 3. Achsenversteifung vorwiegend durch inneren Flüssigkeitsdruck. — 4. Aufbau des Stengels bei einigen heimischen Lianen. — 5. Aufbau des Stengels bei Wasserpflanzen. 6. Der Bau der Ausläufer. — 7. Rhizome. — 8. Stengelknollen. — 9. Stamm-Sukkulenten. 10. Blattartig ausgebildete Achsenorgane. — 11. Haare und Stacheln von Achsenorganen. — **III. Zur Biologie des Blattes.** 1. Sonnen- und Schattenblätter. — 2. Luftblätter mit Anpassungen an schattige oder feuchte Standorte. — 3. Schwimmblätter. — 4. Wasserblätter. — 5. Blätter mit Anpassungen an trockene Standorte. a) Immergrüne Laubblätter, b) Falt- und Rollblätter von Gräsern, c) Die Nadeln immergrüner Koniferen. — 6. Blätter mit Einrichtungen für Wasserspeicherung. — 7. Blätter als Speicherorgane für Nährstoffe. 8. Knospenschuppen. — 9. Aus der Mechanik des Blattes. — 10. Haare, Stacheln, Drüsen. **IV. Zur Biologie der Blüte.** 1. Der Blütenstaub im allgemeinen. — 2. Die Windblütigkeit (Anemogamie). — 3. Die Wasserblütigkeit (Hydrogamie). — 4. Die Insektenblütigkeit (Entomogamie). a) Der Pollen entomogamer Blüten, b) Die Narbe entomogamer Blüten, c) Die Schauapparate entomogamer Blüten, d) Die Nektarien entomogamer Blüten, e) Schutzeinrichtungen für die Nektarien, f) Einige besondere Bestäubungseinrichtungen entomogamer Blüten, g) Kleistogame Blüten. — **V. Die Verbreitung der Samen und Früchte.** 1. Verbreitung durch den Wind (anemochore Gewächse). a) Körnchenflieger, b) Blasenflieger: Orchideen-Same, c) Napfflieger, d) Schirmpflieger, e) Scheibendrehflieger, f) Walzendrehflieger, g) Plattendrehflieger. — 2. Verbreitung durch das Wasser (hydrochore Gewächse) — 3. Verbreitung durch Tiere (zoochore Gewächse). a) Epizoische Verbreitung von Samen und Früchten, b) Endozoische Verbreitung von Früchten oder Samen, c) Synzoische Verbreitung von Früchten und Samen. — 4. Verbreitung durch eigene Kräfte ohne fremde Hilfe (autochore Gewächse). — 5. Das Aufspringen der Trockenfrüchte. — **Verzeichnis der Pflanzen.**

Band III: **Biologie der Schmetterlinge.** Von Dr. **Martin Hering,** Vorsteher der Lepidopteren-Abteilung am Zoologischen Museum der Universität Berlin. Mit 82 Textabbildungen und 13 Tafeln. (486 S.) 1926. RM 18.—; gebunden RM 19.50

Inhaltsverzeichnis. **Einleitender Teil.** Kap. 1. Grundzüge des Baues der Schmetterlinge. — Kap. 2. Stammesgeschichte und Verwandtschaft bei den Schmetterlingen. — **Erster Hauptteil. Die Ontogenese oder Einzelentwicklung des Schmetterlings.** Kap. 3. Ei und Eiablage. — Kap. 4. Die Raupe. — Kap. 5. Die Puppe (Nymphe) und ihre Entwicklung. — Kap. 6. Das Ausschlüpfen der Imago. — **Zweiter Hauptteil. Das Leben der Imago, des Schmetterlings selbst.** Kap. 7. Die Ernährung des Falters. — Kap. 8. Liebesspiele und Begattung. — Kap. 9. Das Sinnesleben der Schmetterlinge. — Der Flug der Schmetterlinge. — **Dritter Hauptteil. Allgemeinere Probleme.** Kap. 11. Die geographische Verbreitung der Schmetterlinge. — Kap. 12. Generationswechsel und Polymorphismus. — Kap. 13. Phänologie. Melanismus und Albinismus. — Kap. 14. Feinde der Schmetterlinge und Schutzeinrichtungen dagegen. — Kap. 15. Wasserbewohnende Schmetterlinge. — Kap. 16. Schmetterlinge und Minen. — Kap. 17. Schmetterlinge und Gallen. — Kap. 18. Schmetterlinge in Beziehungen zu Ameisen und Termiten. — Kap. 19. Symbiose und verwandte Erscheinungen. — Kap. 20. Formen der Vergesellschaftung bei Schmetterlingen. — Kap. 21. Experimentalbiologie. — Kap. 22. Besonderheiten der Instinktausbildung. — Kap. 23. Schaden und Nutzen der Schmetterlinge. — **Schlußbetrachtungen.** Kap. 24. Die Praxis der biologischen Beobachtung. — Literatur. — Verzeichnis der Gattungen. — Sachverzeichnis.

Siehe auch umstehend!